AF367848

TRAITÉ
DES ASCLÉPIADES.

TRAITÉ

DES ASCLÉPIADES,

PARTICULIÈREMENT

DE L'ASCLÉPIADE DE SYRIE;

PRÉCÉDÉ

DE QUELQUES OBSERVATIONS SUR LA CULTURE DU COTON EN FRANCE.

Par C. S. SONNINI,

Ancien Officier et Ingénieur de la Marine, ancien Correspondant du Cabinet du Roi et de la Société Royale d'Agric. de Paris; l'un des vingt Titulaires de l'Académie des Sciences et Belles‑Lettres, fondée en Lorraine par Stanislas‑le‑Bienfaisant, etc.; ancien Correspondant du Gouvernement pour l'Agriculture et les Arts; *maintenant*, Associé Correspondant de la Société d'Agriculture du Département de la Seine, Membre de plusieurs Académies de Sciences et de Sociétés Littéraires de France et de l'étranger; Président de la Société française de l'Afrique intérieure et de Découvertes.

AVEC DES PLANCHES GRAVÉES EN TAILLE‑DOUCE ET COLORIÉES.

A PARIS,

Chez F. Buisson, Libraire, rue Gilles‑Cœur, n° 10.

1810.

DE L'IMPRIMERIE DE M.ᵐᵉ Vᵉ JEUNEHOMME,
RUE HAUTEFEUILLE, N°. 20.

A PARIS,

TRAITÉ
DES ASCLÉPIADES,

PARTICULIÈREMENT

DE L'ASCLÉPIADE DE SYRIE;

PRÉCÉDÉ

DE QUELQUES OBSERVATIONS SUR LA CULTURE DU COTON EN FRANCE.

PREMIÈRE DIVISION.

Du Coton, de ses Espèces et de sa Culture en France.

Le goût des cultures étrangères au sol de la France, goût noble et utile, auquel nos champs, nos bois et nos jardins doivent de nouvelles richesses et de nouveaux embellissemens, s'est accru d'une manière très-remarquable dès le milieu du siècle dernier. Les progrès de la botanique, le nombre des voyageurs qui revenaient de leurs courses lointaines et hardies,

chargés de modestes, mais précieuses dé-
pouilles, auxquelles n'étaient attachés ni la
haine, ni les regrets ; le luxe même qui, tout
en satisfaisant la vanité, devenait, sans le savoir, le propagateur des choses rares et cu-
rieuses, et finissait par les rendre communes ;
le penchant général qui portait les bons esprits
vers l'agriculture devant bientôt devenir la
ressource d'une multitude d'hommes qui ne
s'en faisaient qu'un délassement ; toutes ces
circonstances contribuaient puissamment à
répandre cette envie de naturaliser en France
une foule de végétaux exotiques. Mais il est
difficile de garder un juste milieu, même dans
ce qui est bon en soi ; et ces mêmes végétaux
qui, en qualité d'étrangers, n'avaient droit
qu'à l'hospitalité, et ne pouvaient prétendre à la
préséance, sont devenus l'objet d'une injuste
prédilection, et ont fini par occuper une place
qu'ils ne devaient que faiblement partager. Les
plantes que la nature a semées sur notre territoire, celles que l'art y a naturalisées depuis
long-temps, n'osent plus, pour ainsi dire, se
montrer à côté d'intruses qui souvent valent
beaucoup moins qu'elles.

Le laboureur, plus attaché à la tradition de
ses pères et à d'anciennes pratiques, d'ailleurs

plus lent à émouvoir et à quitter une route battue de temps immémorial, par une marche uniforme, s'est préservé fort heureusement de cette sorte d'engouement pour tout ce qui vient de loin. Mais le Japon, l'Amérique et d'autres pays éloignés, nous ont envoyé des arbres, étonnés de former des bosquets sur une terre qui leur est inconnue, et de déposséder de leur antique demeure d'autres arbres incomparablement plus utiles, mais dont l'accroissement plus tardif, parce qu'il a des effets plus heureux, répond mal à l'imprévoyante impatience. Tel est le chêne, la gloire de nos forêts, la divinité de nos aïeux, l'arbre dont le bois n'a point d'égal pour tous les genres de constructions, et qui, si l'on n'y prend garde, deviendra bientôt dans son pays natal, une plante assez rare pour n'y être plus qu'un objet de curiosité. Si l'on entre dans les bosquets et les jardins qui ne sont ni *chinois*, ni *anglais*, et que l'on nomme aussi mal à propos *paysagistes* ou *paysagers* (1), l'on se croit transporté sous un tout autre climat que le nôtre. C'est là que l'usurpation est complète.

(1) Il a bien fallu créer des mots nouveaux pour exprimer des choses nouvelles; mais aucun de ceux-ci n'a de justesse dans son acception, et les deux derniers ne signifient point ce que l'on prétend leur faire signifier.

1.

on dédaigne d'y admettre les jolis arbrisseaux qui font l'ornement de nos campagnes et se prêtent à toutes les formes et à toutes les situations ; les fleurs dont les teintes éclatantes et l'odeur suave étaient naguère le charme de nos jardins ; les plantes auxquelles l'élégance de leur port, ou les propriétés de leurs différentes parties, faisaient donner des soins. Toutes celles que l'on y voit sont étrangères , et c'est souvent leur seul mérite. Leurs noms difficiles à prononcer, plus difficiles à retenir, n'ont aucun rapport à notre langue, et sont ou latins ou barbares ; on croit entrer dans un enclos de pur agrément, et l'on est introduit dans un jardin de botanique où l'on pourroit presque faire un cours de cette science. Une pareille manie n'aura, sans doute, qu'un temps; enfant de la mode, on la verra changer comme elle, et l'on reviendra bientôt aux plus beaux sujets de l'empire de Flore, aux charmans arbrisseaux, à toutes les plantes qui ont fait si long-temps la parure de nos jardins, et dont la nature ou une ancienne naturalisation ont fait notre domaine.

Sans négliger les richesses végétales que produit notre sol, chercher à les augmenter par celles qui croissent sur un sol étranger, c'est, sans contredit, une occupation aussi louable qu'utile, à laquelle les amis de l'agriculture et de leur patrie se sont adonnés. Dans le nombre des plantes qui ont attiré leur attention, le cotonnier ne pouvait manquer d'être l'objet de leurs essais ; ils ont été nombreux et ils se sont renouvelés à différentes époques.

Un auteur moderne, qui a écrit un gros livre sur le cotonnier, prétend que la culture de cette plante a été autrefois pratiquée en grand au midi de la France, et voici les trois preuves sur lesquelles M. de Lasteyrie fonde son opinion. La première est tirée d'un ouvrage très-peu connu, imprimé à Toulouse, en 1566, et qui a pour titre : *Recueil et Discours du voyage du roi Charles IX de ce nom, à présent régnant, accompagné des choses dignes de mémoire, etc.*, par Abel Jouan. « Le roi, y est-il dit, fit son entrée » cedit jour dans la ville d'Hyères. Autour » d'icelle ville, y a si grande abondance d'o- » rangers, de palmiers et poivriers, et autres » arbres qui portent le coton, qu'ils sont » comme forêts ». En second lieu, Pierre de Quiqueram de Beau-Jeu, évêque de Sens, dans son ouvrage publié en 1606, et intitulé : *La Nouvelle agriculture, ou Instruction géné-*

rale pour ensemencer toutes sortes d'arbres fruitiers, avec l'usage et propriétés d'iceux, dit au second livre, 42ᵉ chapitre, qui porte ce titre : *Des cannes de sucre, du poivre, coton, girofle et cannelle :* « N'avons-nous pas » doncques assez de quoi admirer les raretés » de notre Provence, se montrant si indulgente » et libérale, que de nous faire germer très- » heureusement les cannes dont on fait cuire » le sucre, plantées ces dernières années?... » Nous pouvons, pour lejourd'hui, aller de » pair avec d'autres contrées, pour avoir, » comme elles, grande quantité de plantes » portant le coton ». Enfin, la troisième preuve est puisée dans ce passage de l'Histoire des plantes de *Jean Bauhin : hoc* (sans doute *Gossypium* ou *Xilon*, et il aurait fallu, ce me semble, en avertir) *jam in Galliâ nasci feruntex Italiâ delatum* (1). Ces passages paraissent assez clairs à l'écrivain qui les a recueillis pour démontrer que le cotonnier a été cultivé en grand, il y a deux siècles et demi, dans quelques cantons de la Provence (2). J'avoue que ces

(1) C'est-à-dire, on rapporte que le coton apporté d'Italie, croît déjà en France.

(2) Lasteyrie, *Du Cotonnier et de sa culture,* pag. 23 et suiv.

témoignages n'ont pas pour moi le même degré d'évidence que pour M. de Lasteyrie. Si l'on admettait sans examen les deux premiers, il faudrait aussi en conclure que le poivre, le girofle et la cannelle furent, il y a deux siècles, des productions de la Provence ; et si, au temps de Charles IX, on prenait le *schinus à folioles dentelées*, ou *poivrier du Pérou* (*schinus molle* L.) pour le poivrier de l'Inde, ainsi que M. de Lasteyrie en convient lui-même, n'est-on pas également fondé à présumer que d'autres arbres passaient, à la même époque, pour le giroflier et le cannelier des Moluques, aussi bien que pour le cotonnier arbrisseau? car ces *arbres, portant le coton, qui sont comme forêt*, auraient été un prodige qui ne se retrouve point ailleurs. Quant au témoignage de Bauhin, le seul qui serait d'un grand poids s'il était positif, il ne porte aucun caractère de certitude. Le savant botaniste n'a pas vu ces cotonniers apportés de l'Italie, il n'en parle que sur des *on dit* (*ferunt*), et il n'indique pas même la source de bruits aussi vagues.

Cette discussion ne paraîtra point oiseuse dans un écrit où il s'agit de la culture du cotonnier en France; et quoique je ne trouve pas absolument convaincantes les preuves que M. de Lasteyrie rapporte de cette culture anciennement pratiquée dans nos provinces méridionales, je ne suis pas moins persuadé qu'elle y a existé. Si je ne suis pas d'accord avec M. de Lasteyrie sur la valeur des témoignages qu'il cite pour démontrer que le cotonnier a réussi en France, je ne le suis pas davantage sur les causes qui ont fait renoncer à cette culture. Cet auteur en accuse tour-à-tour la mode, le caprice des hommes, l'extension du commerce, les intempéries des saisons, les impôts excessifs, enfin, le défaut de connaissance des principes de la végétation et de la culture. « Mais, ajoute-t-il, ce qui paraissait » impossible à une époque où le plus utile des ». arts était abandonné à des hommes gros- » siers et ignorans, peut redevenir praticable » dans un siècle où l'agriculture, ainsi que » tous les arts, ont été éclairés du flambeau ». des sciences naturelles » (1). En écrivant ces dernières lignes, M. de Lasteyrie ne s'est pas rappelé ce qu'il avait dit à la page précédente, car on ne peut guère supposer que dans le quinzième siècle, l'agriculture ait reçu

(1) *Du Cotonnier et de sa culture*, page 25.

de grandes lumières du flambeau des sciences naturelles; et cependant, selon M. de Lasteyrie, la culture du cotonnier prospérait merveilleusement. Cette inadvertance a tout lieu d'étonner chez un homme qui fait profession d'un jugement solide, et qui a quelquefois la bonté de s'occuper à former le jugement des autres. Je vais lui montrer que j'ai su profiter de ses leçons. J'ai pesé avec attention les raisons qu'il allègue pour expliquer l'abandon de la culture du cotonnier en France, si, comme je le crois, elle s'y est introduite; aucune de ces raisons ne m'a satisfait, et j'essaierai d'indiquer deux autres causes qui me paraissent les seules vraies, parce que les effets qu'elles ont produits en sont une suite inévitable.

L'une de ces causes est purement physique, et l'autre tient à l'économie politique. Personne n'ignore que depuis deux siècles l'aspect physique de la France a éprouvé de grands changemens. De vastes forêts, des bois épais couronnaient autrefois la cime et ombrageaient les flancs des montagnes et des collines. On n'usait qu'avec réserve de ces richesses naturelles, qui semblaient ne devoir jamais s'épuiser. Mais les besoins factices du luxe, prenant chaque jour un nouvel accroissement, la hache de la licence, les écarts d'une funeste et criminelle imprévoyance, ont détruit une grande partie des ressources des siècles présens et les espérances de l'avenir. Les montagnes, jadis orgueilleuses d'être chargées des plus beaux arbres, et parées d'une verdure sans cesse renaissante, se montrent aujourd'hui dépouillées et comme honteuses de l'aridité de leur sol. Des forêts entières, des bois et des bosquets nombreux, ont disparu; les sources alimentées et protégées par leur fraîcheur et leur feuillage, sont desséchées, et les Naïades éplorées cachent au sein de la terre, leurs regrets et leur dépit d'avoir vu violer leur asile.

Des changemens aussi brusques et aussi notables, opérés à la surface de la partie du globe que nous habitons, ont dû nécessairement en amener de très-marqués dans l'atmosphère. Ses variations sont devenues plus fréquentes, moins régulières et plus impétueuses. Les vents ne rencontrant plus d'obstacles, se déchaînent avec plus de violence; l'aquilon si redoutable par son souffle glacial et desséchant, ne connaît plus de frein, et la douce haleine des zéphirs n'échauffe plus les printemps qui ne sont le plus souvent que quelques mois ajoutés à l'hiver. Privées des grands abris qu'elles devaient à la nature, plusieurs contrées découvertes sont restées exposées à toutes les intempéries des saisons, à la fougue des vents, à des gelées prolongées et intempestives ; des plantes que l'on y voyait croître naturellement n'y paraissent plus, et des cultures qui y prospéraient n'offrent plus que des produits incertains. Je connais un canton du département de Maine-et-Loire, où le laurier-rose, protégé par un bois sur lequel venaient se briser les vents du nord, embellissait les campagnes, sans le secours de la culture ; les bois ont été abattus, et le joli arbrisseau, livré à lui-même, a péri et ne se montre plus que dans les jardins où l'on peut lui procurer un abri artificiel contre les rigueurs de l'hiver. Il n'est point de canton où l'on n'ait eu occasion d'observer des exemples de ce genre. Ainsi ce ne serait point une chose extraordinaire, si le cotonnier, de même que d'autres plantes des pays chauds, eussent réussi en France, dans des lieux qui, ayant changé de face, ne leur permettent plus de s'y plaire. Nos ancêtres ont donc pu cultiver avec succès le cotonnier, sans que ce soit une raison pour que nous le cultivions nous-mêmes.

Le commerce et la prospérité des colonies réclamaient la culture exclusive de quelques denrées qui, d'ailleurs, demandaient une chaleur forte et prolongée pour donner des récoltes abondantes. Si la France avait réussi à naturaliser, sur son territoire, le café, l'indigo, la canne à sucre, le cotonnier, etc., et si elle avait consacré à ces cultures étrangères une partie de ses terres les plus fertiles en grains et en vins, les échanges cessaient d'avoir lieu entre la métropole et les colonies ; celles-ci n'ayant plus rien à livrer à la mère-patrie, auraient cessé d'en recevoir des provisions et des alimens que la nature de leur climat les empêchait de tirer de leur propre sein, et leur existence n'aurait pas été de longue durée. Je n'examinerai point s'il est plus avantageux à un État de posséder des colonies ou de n'en avoir aucune ; cette question d'économie politique a été souvent agitée et jamais résolue ; mais dès que le système colonial avait été adopté, on devait ménager aux colonies les moyens d'échange et leur assurer l'abondance des denrées que ces échanges seuls pouvaient leur promettre. Le Gouvernement ne devait donc pas encourager des essais de culture, qui auraient tourné au détriment de la métropole et de ses possessions lointaines ; peut-être même devait-il s'y opposer. Ce motif seul suffisait pour arrêter la culture du cotonnier en France, si elle y avait été établie.

L'on me citait dernièrement à ce sujet, un trait que l'on attribuait à M. de Calonne, et on en parlait avec le ton de l'indignation et dans le dessein de flétrir l'administration de ce ministre. Une plantation considérable de cotonniers s'était, me disait-on, formée près d'Avignon; elle était très-florissante, lorsqu'un ordre du roi, provoqué par M. de Calonne, prononça sa destruction. Les personnes qui me racontaient cette anecdote, vraie ou supposée, furent étrangement surprises de ce que je ne partageais pas leur ressentiment de l'injustice du ministre; elles le furent encore davantage lorsqu'elles m'entendirent, sinon louer, du moins ne point désapprouver sa conduite. Il n'est point ici question de rechercher si l'acte d'autorité dont on se plaint un peu tard, car jamais je n'en avais ouï parler, est une entreprise contre le droit de propriété; mais ce que l'on ne peut raisonnablement contester, c'est qu'un des droits, je dirai plus, un des devoirs des Gouvernemens est de veiller à ce que rien ne se fasse contre les intérêts de l'Etat, et que c'était évidemment les compromettre que d'enlever à nos colonies un de leurs principaux moyens de commerce et d'échange. Si l'on veut absolument que M. de Calonne ait eu des torts dans la forme, on ne peut disconvenir qu'il n'ait eu toute raison au fond, et qu'il n'ait agi en administrateur sage et éclairé.

La révolution, les guerres maritimes qui en furent la suite, ont anéanti ces combinaisons de l'économie politique, et le système colonial a cessé de subsister. Il devenait alors non seulement permis, mais d'une importance extrême et d'un intérêt pressant, de multiplier les tentatives pour fixer sur notre sol des productions qu'il était très-difficile et quelquefois impossible de faire venir des colonies. Le cotonnier offrant plus de chances favorables à sa naturalisation, fut le principal objet des efforts des agriculteurs instruits. Je l'ai cultivé moi-même, comme on le verra tout à l'heure, dans un canton peu propice, et mes essais qui, au vrai, n'ont été que des expériences de curiosité, fournissent une preuve de plus de la possibilité d'acclimater le cotonnier en France.

Toutes ces tentatives partielles et isolées ne prenaient point le caractère d'authenticité, nécessaire pour faire quelqu'impression sur l'esprit des cultivateurs, et pour les encourager à s'y livrer ; elles étaient d'ailleurs très-circons-

crites ; et , en agriculture , les essais faits en
grand , sont les seuls qui attirent l'attention et
la confiance. Un coup d'œil du vaste génie
auquel rien n'échappe , a imprimé aux essais
de ce genre, la direction et l'ensemble nécessaires pour les rendre d'une utilité générale: Dès
la fin de 1806, S. M. l'Empereur et Roi témoigna
le désir de voir établir en France la culture du
cotonnier. Aussitôt le ministre de l'intérieur
s'occupa des moyens de remplir les intentions de
S. M. Des graines de cotonnier furent envoyées
d'Espagne, d'Italie et de l'Amérique septentrionale; une prime d'un franc par kilogramme
de coton récolté, nettoyé et prêt à être filé,
fut promise au nom de l'Empereur. Le désir de
seconder les vues de S. M., plus encore que
l'intérêt personnel, excita le zèle et l'industrie
d'un grand nombre de propriétaires, dans les
départemens du midi, les seuls qui offrissent
d'abord l'espérance du succès; et de toutes
parts on vit s'y former de grandes plantations
de cotonniers. « La culture du coton, dans
» nos provinces méridionales, n'a encore donné
» que des espérances; elles n'ont pas été dé-
» truites par les deux saisons de 1808 et 1809, et
» c'est avoir beaucoup obtenu (1) ». De pa-

(1) Exposé de la situation de l'Empire, au 1er dé-

reilles espérances sont, sans doute, de puissans encouragemens, puisqu'elles touchent de très-près à la réussite. C'est pour hâter le moment où elles pourront être converties en réalités, que j'ai cru utile de présenter un précis de mes idées, de mes recherches, des expériences des autres et des miennes propres. Adonné pendant un grand nombre d'années à la pratique de l'agriculture, familiarisé avec les connaissances qui en éclairent la marche, fort éloigné de la morgue hautaine de certains écrivains, dont le ton dur et impérieux rebute lorsqu'ils prétendent instruire, pénétré d'une sorte de vénération pour les hommes utiles dont les travaux font la richesse de la nation, sans les enrichir eux-mêmes, sachant tous les égards auxquels ils ont droit, habitué au langage qui leur convient le mieux, c'est toujours avec une nouvelle satisfaction que je leur consacre mes écrits et que je cherche à mériter leurs suffrages.

Avant que d'entrer dans les détails des procédés les plus propres à faire prospérer en France la culture du cotonnier, il convient de bien faire connaître cette plante.

cembre 1809, présenté par M. le comte de Montalivet, ministre de l'intérieur, au Corps législatif, dans sa séance du 12 décembre de la même année.

Le cotonnier (*gossypium*), forme un genre dans la famille des plantes connues sous le nom de *malvacées*, parce qu'elles ont de grands rapports avec les mauves. Ce genre comprend des arbrisseaux et des herbes dont les feuilles sont alternes (1), lobées (2) ou palmées (3), et dont les fleurs grandes, belles, remarquables par leur ample calice extérieur, produisent des fruits qui, dans quelques espèces, contiennent du duvet laineux.

Les caractères de ce genre ont été tracés par un botaniste célèbre, comme il suit : chaque fleur offre 1° un calice double, dont l'extérieur plus grand que l'intérieur, est divisé jusqu'à sa base en trois grandes folioles planes, presqu'en cœur, entières ou dentées, tandis que l'intérieur est monophylle (4), cyathiforme (5) et à bord obtusément quinquéfide (6);

(1) C'est-à-dire, placées alternativement le long de la branche.

(2) Ou divisées en grandes crénelures.

(3) Divisées en plusieurs portions qui, se réunissant à un centre commun, représentent la paume de la main.

(4) D'une seule pièce.

(5) En forme de gobelet.

(6) Fendues assez profondément en cinq.

2° cinq pétales grands, un peu en cœur, planes, ouverts et cohérens à leur base; 3° un grand nombre d'étamines, dont les filamens réunis inférieurement en une colonne pyramidale, et libres supérieurement, adhèrent à la corolle par leur base, et portent de petites anthères réniformes (1); 4° un ovaire (2) supérieur, ovale ou arrondi, surmonté d'un style (3) aussi long ou plus long que les étamines, dont il traverse la colonne, à trois ou quatre stigmates (4) épaissis.

Le fruit est une capsule (5) arrondie ou ovale, pointue à son sommet, s'ouvrant par trois ou quatre valves (6), et divisée intérieurement en trois ou quatre loges; chaque loge

(1) L'anthère est la partie supérieure de l'étamine; lorsqu'elle a la forme d'un rein, on dit qu'elle est *réniforme*.

(2) Partie inférieure du pistil, qui contient les semences.

(3) Partie du pistil, portée sur l'ovaire.

(4) Partie du pistil qui termine le style; c'est une ouverture destinée à recevoir le *pollen* ou la poussière fécondante que portent les anthères.

(5) Espèce de boîte qui contient les graines.

(6) Partie de la capsule qui s'ouvre comme le battant d'une porte, en latin *valva*, pour laisser échapper les graines.

contient trois à sept graines ovoïdes (1), enveloppées chacune dans un flocon de duvet
assez long et très-fin, qu'on nomme *coton*. Ces
flocons se gonflent et débordent de toutes
parts, lorsque la capsule s'ouvre pour la maturité (2).

Deux divisions naturelles partagent les cotonniers : l'une comprend les *cotonniers en arbres*, l'autre les *cotonniers en herbe*.

Les premiers ne seraient que très-difficile-
ment cultivés en France ; ce sont des espèces
très-délicates, qui ne peuvent être élevées dans
nos climats, que sur couche ou à la chaleur
des serres chaudes ; ainsi je suis dispensé d'en
parler ici.

C'est vers le *cotonnier herbacé* ou *en herbe*
que les cultivateurs ont porté leur attention,
parce que c'est le seul qui leur promette des
succès. Cette plante herbacée ne s'élève qu'à
environ deux pieds ; sa tige est dure, comme
ligneuse, cylindrique, roussâtre ou rougeâtre
intérieurement, velue ou hispide (3) dans sa
partie supérieure, avec beaucoup de petits

(1) Qui a la forme d'un œuf.

(2) Encyclopédie méthodique, partie de la *botanique*, par M. de Lamarck, article *Cotonnier*.

(3) Qui a des poils longs et rudes.

points noirs, et munie de rameaux courts. Les feuilles sont à cinq lobes (1) courts, élargis et arrondis avec une petite pointe, vertes, molles, et portées sur des pétioles (2) hispides, ponctués et longs de deux ou trois pouces. Elles portent sur leur dos une glande verdâtre, peu remarquable, située sur la nervure du milieu, vers sa base. Au bas de chaque pétiole on remarque deux stipules lancéolées (3), opposées et légèrement arquées. Les pédoncules (4) naissent dans les aisselles des feuilles supérieures, et portent chacun une fleur jaunâtre, assez semblable à celle de la ketmie (*hibiscus*) (5), remarquable par les trois folioles larges, peu alongées et fortement dentées de son calice extérieur (6).

Le cotonnier dont on vient de lire la description, est annuel; mais il y a d'autres espèces

(1) Les lobes sont de grandes divisions.

(2) Le pétiole est le support de la feuille, que l'on nomme communément la *queue*.

(3) C'est-à-dire, ayant la forme d'un fer de lance.

(4) Le pédoncule est le support d'une fleur; il est connu généralement sous la dénomination de *queue* de la fleur ou du fruit.

(5) Espèce de mauve.

(6) De Lamarck, ouvrage cité.

auxquelles on applique également la qualification d'*herbacées*, qui sont bisannuelles et même trisannuelles. Indépendamment de ces deux divisions de cotonniers, réellement distinctes, une multitude de variétés s'est formée par la différence des cultures, du sol et du climat, sans compter celles qui n'ont d'autre fondement que l'inconstance de la nomenclature. Chaque pays a la sienne ; des noms différens y sont donnés à la même espèce, d'où il résulte une confusion pénible pour ceux qui tentent de la débrouiller ; c'est ce qui a fait dire à M. Quatremer d'Isjonval, peut-être un peu légèrement, que la nature n'avait produit qu'une seule espèce de cotonnier, et que le cotonnier herbacé n'est que le cotonnier en arbre, dans un état de dégénération (1). Mais ces sortes de discussions appartiennent à l'érudition de la botanique, et seraient déplacées dans un ouvrage d'agriculture. Le meilleur travail qui ait été fait au sujet des espèces et des variétés de cotonniers, est celui que M. de Rohr, intendant des bâtimens du roi de Danemarck, habitant à l'île de Sainte-Croix, a publié en allemand, et dont on lit des extraits dans l'En-

---

(1) Dissertation sur le Coton, qui a remporté le prix proposé par l'Académie des Sciences.

cyclopédie , dans le nouveau Dictionnaire d'histoire naturelle et dans d'autres livres.

Il n'est pas moins inutile d'insister sur la désignation précise du pays d'où le cotonnier est originaire. On convient assez généralement que la Perse , l'Arabie et quelques contrées de l'Afrique l'ont vu naître. Plusieurs botanistes prétendent que l'Amérique possédait plusieurs espèces de cotonniers, avant que les Européens l'eussent découverte.

Je ne quitterai pas l'énumération des opinions émises au sujet d'un genre de plantes si intéressantes pour le commerce et les manufactures , sans relever une erreur, ou pour mieux dire une imputation gratuite que l'auteur de l'article du *cotonnier* , dans la partie de l'agriculture de l'Encyclopédie méthodique, a faite aux missionnaires.« Cette classe d'hommes, » dit M. Gruvel , auteur de cet article , aurait » pu rendre de grands services à l'humanité , » si au lieu de propager uniquement des rêveries pieuses , et de ne chercher qu'à agrandir le pouvoir temporel de l'Eglise de Rome, » ils se fussent un peu plus occupés des différens objets d'agriculture des pays dont » l'entrée n'était permise qu'à eux. On ne » pourrait point objecter l'ignorance de ces

» messieurs, car si dans le nombre il y en
» avait de très-bornés et uniquement occupés à
» propager leur doctrine, il s'en trouvait aussi
» de très-instruits, surtout parmi les jésuites. »
Ce ton de critique sévère, fort à la mode aux
approches de la révolution, envers des hommes respectables, me paraît déplacé, pour ne
rien dire de plus. Exiger que des missionnaires
ne fussent pas des prédicateurs, des apôtres,
enfin, des missionnaires, c'est une absurdité ;
mais affecter de méconnaître les services nombreux que ces mêmes hommes, et particulièrement les jésuites, ont rendus aux sciences, les
connaissances qu'ils ont transmises sur les pays
témoins de leurs travaux évangéliques, c'est
une véritable injustice. Les détails les plus
exacts et les plus circonstanciés sur la Chine,
nous viennent des missionnaires jésuites, et les
Lettres édifiantes forment encore un recueil
que l'on aime à consulter. Pour ne pas sortir
du sujet de cet ouvrage, et démontrer encore
plus l'erreur de M. Gruvel, je donnerai l'extrait d'un mémoire sur les cotonniers, envoyé
par un missionnaire de la Chine (1). Les ins-

(1) Ce mémoire fait partie de la volumineuse, mais
intéressante collection des **Mémoires des Mission-**
naires de la Chine. L'épigraphe qui est en tête m'a paru

tructions qu'il renferme ne peuvent manquer d'être utiles aux agriculteurs français qui voudront se livrer à ce nouveau genre de culture, et ils reconnaîtront qu'il aurait été difficile de leur en présenter de meilleures.

« On a aujourd'hui, en Chine, le cotonnier
» arbre et le cotonnier herbacé; et l'un et
» l'autre sont aujourd'hui la grande et inépui-
» sable ressource du peuple de toutes les pro-
» vinces, pour ses vêtemens et habits.....
(Ici se trouve une longue dissertation sur l'époque de l'introduction du cotonnier en Chine.)

» Il ne pourra jamais être question, pour
» notre France, d'y planter le cotonnier en
» arbre. Il demande, à ce qu'il nous paraît, un
» climat plus chaud que celui de nos pro-
» vinces les plus méridionales. Pour le co-
» tonnier herbacé, qui est le plus commun
» en Chine, il est d'une si grande ressource
» pour quelques provinces, qu'on l'y appelle

bien choisie et d'une belle simplicité ; *Initium vitæ hominis aqua, panis et vestimentum et domus protegens turpitudinem.* Ecclésiast. cap. 29. C'est-à-dire, le premier but de l'homme a été de se procurer de l'eau, du pain, un vêtement et une maison pour protéger sa misère.

» *le supplément des laines et de la soie.*
» Quand celles de nos provinces où il pourrait
» réussir, n'en recueilleraient qu'autant qu'elles
» en dépensent, ce serait toujours un grand
» profit pour elles et pour tout le royaume.
» Ceux qui voudront faire des tentatives et des
» essais, peuvent compter sur ce que nous
» allons dire de la manière de le cultiver....
» Comme on cultive beaucoup les cotonniers
» herbacés dans toute cette province et aux
» environs de Pékin, nous avons été à portée
» de faire des recherches et de constater tout
» ce que nous avançons. (Suit la description du cotonnier herbacé de la Chine, lequel, disent les missionnaires, est absolument
le même que celui qui a été décrit par Tournefort, dans ses *Elémens de botanique*, page
84, planche 27, le même, par conséquent,
que celui dont la description a été donnée précédemment.)

» Le coton herbacé demande une bonne
» terre, mêlée de sable, un peu humide et
» médiocrement grasse. Si la terre était trop
» humide, les racines ne tarderaient pas à se
» pourrir, et à être piquées des vers. Si elle
» était trop grasse, les cotonniers trop vigou-
» reux pousseraient beaucoup en herbe et

» donneraient fort peu de fleurs et de coton...
» Les terres que les petites rivières ont cou-
» vertes de leurs eaux pendant l'hiver ou à
» la fonte des neiges, et qui sont moitié sable
» et moitié vase, sont les meilleures. Quand
» les champs qu'on destine à ces cotonniers
» sont des terres fortes et un peu arides, on
» pare à cet inconvénient en les tenant inon-
» dées pendant tout l'hiver ; l'eau qui les couvre
» les travaille, les dissout et les prépare ad-
» mirablement pour cette sorte de planta-
» tion. . . .

.... » Quoique le cotonnier herbacé soit
» annuel, il repousse sur sa racine dans les
» pays où l'hiver n'est pas bien rigoureux, et
» il est ordinaire de ne pas le laisser durer plus
» de trois ans ; la quatrième année on déracine
» tout et on sème ou de l'orge, ou du mil.......
» ou du riz........ mais on ne doit jamais y semer
» ni pois, ni féves, dans les années d'interrup-
» tion.

».... On donne trois labours à la terre...., un
» en automne, le second au commencement
» du printemps, et le dernier immédiatement
» avant de semer..... On herse la terre à chaque
» labour ; on la fume avant le dernier, que l'on
» donne plus parfait, et après lequel on herse

» plus fin..... L'habileté du laboureur consiste à
» proportionner les engrais au besoin de son
» champ..... Les engrais dont les Chinois se
» servent, sont : 1º la vase fraîche ; 2º les
» cendres ; 3º le *teou-ping* ; 4º le *ta-feu*.

» ..... La vase récente des rivières, canaux,
» fossés et mares, est le meilleur engrais pour
» les champs destinés aux cotonniers. Cela se
» concilie bien avec ce qui a été dit plus haut,
» sur les inondations de ces champs et sur la
» préférence que l'on doit donner à ceux qui
» sont au bord des eaux..... Elle doit être répan-
» due également ; c'est un travail de plus,
» mais les Chinois ont pour maxime qu'en ma-
» tière d'agriculture on n'obtient rien de la
» terre qu'à force de bras.

» Les cendres de toutes les espèces sont un
» excellent engrais. Roseaux, joncs, herbes
» sauvages, feuilles des arbres, tout ce qui
» est sorti de la terre la fertilise, quand on l'a
» fait passer par le feu. Les meilleures cendres
» cependant sont celles des racines, feuilles et
» coques des cotonniers de l'année précédente ;
» on les accumule dans le champ même et on
» y met le feu avant de semer.

» On appelle *teou-ping*..... le marc d'une
» espèce de pois noirs dont on a exprimé

» l'huile….; ce marc est très-chaud et excel-
» lent pour les terres froides et humides. On
» l'égraine et on le répand en grosse pous-
» sière, le plus uniformément qu'on peut.

» Le *ta-feu* qui, selon les Chinois, est le plus
» excellent des engrais….., se tire des fosses
» d'aisance: il y a deux manières de l'employer.
» La première consiste à l'accumuler dans des
» fossés et puis verser dessus une assez grande
» quantité d'eau, pour qu'étant bien délayé,
» il ne fasse plus qu'une bouillie très-claire.
» Cette bouillie qu'on porte à seaux dans
» les champs, et qu'on y répand ou par ma-
» nière d'arrosement, ou en la faisant couler
» dans les rigoles où l'on doit semer, ou en en
» mettant une certaine quantité dans les fosses
» qu'on destine aux cotonniers, cette bouillie
» rend la terre très-fertile….. La seconde ma-
» nière….. consiste à jeter les vidanges des
» fosses d'aisance dans de grands creux décou-
» verts, d'où on les tire pour les mêler avec
» une troisième partie de terre grasse ou fran-
» che, qu'on coule ensuite en forme de tartes
» ou galettes qu'on fait sécher au grand air et
» qu'on transporte ensuite où l'on veut….. Il est
» démontré que le *ta-feu* est le plus utile, le
» plus efficace et le plus fort des engrais, sur-

» tout pour les terres grasses et humides.....
» Quand on inonde un champ pour l'amélio-
» rer, c'est le meilleur temps pour y porter
» beaucoup de *ta-feu*. L'eau le délaie et l'in-
» corpore à la terre, de manière à la fortifier
» pendant plusieurs années. Nous avons dit d'y
» mettre beaucoup de *ta-feu*, parce que, dans ce
» cas, on peut en doubler ou tripler même la
» quantité, sans craindre d'excéder. La pra-
» tique générale est d'en mettre au moins le
» double; ce qui se pratique aussi pour les
» autres engrais et fumiers, parce que l'eau
» qui les dissout, les affaiblit ou plutôt retarde
» leur effet.....

» Les cotonniers commencent à fleurir après
» le solstice..... Il faut les semer au printemps,
» et assez tôt pour qu'ils puissent être assez
» forts pour résister aux chaleurs et avoir leur
» crue au commencement de juillet. Quant au
» temps précis, il doit nécessairement varier
» selon le climat, la nature des terres, leur
» exposition, le temps qu'on a eu, et les appa-
» rences de la saison pour l'avenir. Quant à
» notre France, si on essayait d'y planter des
» cotonniers, il paraît que le temps le plus
» convenable pour les semer, serait le même
» que celui des blés noirs ou sarrasins.

» Quand les champs où l'on veut semer ses
» cotonniers sont un sol un peu sec et qu'on n'a
» pas eu le loisir ou la commodité d'arroser
» ses cotonniers, lorsque le temps se met au
» sec avant qu'on ait semé, on fait tremper ses
» graines dans l'eau. Les uns se servent d'eau
» froide et les y laissent jusqu'à ce qu'elles
» soient renflées ; les autres versent dessus de
» l'eau bouillante, ou ils les remuent avec un
» bâton, jusqu'à ce que l'eau soit refroidie ;
» puis les uns et les autres les font passer par
» les cendres pour les essuyer et pouvoir les
» semer plus aisément. Il y en a qui font
» passer leurs graines, en hiver, par l'eau de
» neige, afin, disent-ils, de les préserver de la
» désolation des vers ; mais un des plus sûrs
» avantages de les mettre dans l'eau, est celui
» de distinguer les bonnes graines des mau-
» vaises qui surnagent.....

»..... Les uns sèment les cotonniers par rayons,
» les autres à la volée, quelques-uns par plan-
» ches, quelques autres par petites fosses espa-
» cées..... Il faut avoir grand soin, comme il a
» été dit, que la terre soit bien meuble. On
» couvre la semence soit avec l'arrière-train
» du semoir, ou avec une claie fort épaisse et
» fort pesante, large de trois pieds, longue de

» quatre ou cinq, traînée par un cheval que
» dirige un homme qui est debout sur la fas-
» cine.

» .... La dépense d'un tiers en sus des graines
» n'est rien au prix du grand inconvénient des
» endroits qui resteraient ou vides ou dégarnis.
» Passé trois pieds, les sillons sont trop éloi-
» gnés, ou trop près s'il n'y a pas un pied et
» demi entr'eux.....

» Le cotonnier est une plante fort délicate
» dans sa première jeunesse. C'est pour lui
» épargner les périls auxquels elle est exposée
» alors, que quelques - uns la sèment assez
» profondément, parce que ses racines se
» trouvant par-là plus enfoncées en terre et
» moins saisies par la chaleur, elle pousse plus
» vite sa tige et ses rameaux. Ceux qui crai-
» gnent de l'exposer à pourrir à cause des pluies
» qui commencent quelquefois de fort bonne
» heure, ont l'attention de la réchauffer en
» ramassant la terre autour de chaque pied
» avec le sarcloir.

» ..... Dès que les cotonniers ont poussé de
» terre à la hauteur de deux ou trois pouces,
» les Chinois les sarclent tous les huit ou dix
» jours, jusqu'à ce qu'ils commencent à don-
» ner leurs fruits..... Le sarclement des coton-

» niers est-plus occupant que fatigant, et les
» femmes et les enfans ont plus de force qu'il
» n'en faut pour le faire..... C'est pour le faci-
» liter qu'on préfère de semer les cotonniers
» en rayons ou en petites fosses espacées et
» distribuées en échiquier, à peu près comme
» les blés de Turquie en Béarn.

» Les cultivateurs attentifs recommandent
» aux sarcleurs d'arracher les cotonniers mal-
» venans et rabougris, quand ils peuvent le
» faire sans laisser de vides, et d'éclaircir aussi
» ceux qui sont trop près-à-près et s'embar-
» rasseraient en croissant. D'autres ménagent
» de longues rigoles pour les arroser quand
» la sécheresse dure trop. Ces rigoles servent
» aussi à faire écouler les eaux des grandes
» pluies et à retenir celles des autres.

» Quand les cotonniers ont un pied de haut,
» on arrête le montant en le pinçant à peu
» près comme font nos jardiniers pour leurs
» melons. On prétend par-là les forcer à four-
» cher et à pousser des branches. Ces branches
» même on les pince encore, pour qu'elles se
» réunissent et donnent par-là une plus grande
» quantité de fleurs et de coton. Il est d'usage
» de pincer aussi à chaque fois les plus grandes
» feuilles pour que la sève de la plante soit

» plus abondante pour nourrir ses branches et
» les couvrir de fleurs. Quelque pénibles que
» soient des soins aussi continuels et si multi-
» pliés, peu de gens osent en omettre, parce
» qu'on a l'expérience de leur nécessité, pour
» avoir une abondante récolte de coton.....
» Nous croyons devoir avertir qu'on a remar-
» qué dans plusieurs endroits que, quand on
» a retranché la première tige, le pied souffre
» et ne donne jamais de belles graines pour les
» années suivantes. Il peut se faire que cela
» vienne de ce qu'on néglige de choisir un
» temps sec, et de le faire le matin, pour que
» la chaleur du soleil cicatrise et ferme vite la
» plaie ; mais cela peut venir de la faiblesse de
» la terre, de la constitution de la plante et du
» temps qu'il fait : trois choses auxquelles il faut
» avoir égard quand on pince les cotonniers et
» qu'on les débarrasse de leurs grandes feuilles.
»   Quand les cotonniers ont toute leur crue,
» ou doivent l'avoir, c'est-à-dire vers les pre-
» miers jours d'août, on cesse de les pincer,
» et on ne les sarcle plus dès qu'ils commencent
» à donner leurs fruits. Comme ces fruits se
» nouent et mûrissent en différens temps, sur
» le même pied, la récolte doit s'en faire né-
» cessairement à différentes reprises. Les co-

» ques de ces fruits qui s'ouvrent et montrent
» leur coton, sont le signal pour la commen-
» cer. L'unique attention qu'il faille avoir,
» c'est d'attendre que le soleil ait séché la ro-
» sée, et de ne pas rompre les branches qu'on
» dépouille. Les femmes qui sont ordinaire-
» ment chargées de cette récolte, sont fort
» adroites à la faire. Elles entrent en bande
» dans un champ, et en peu d'heures elles ont
» fini la tâche du jour. Nous disons la tâche du
» jour, parce que cette récolte dure jusqu'aux
» gelées, et qu'il ne faut pas manquer l'a-pro-
» pos, sous peine de voir le vent enlever tout
» le coton des coques ouvertes et le porter çà
» et là. Quand les gelées commencent avant
» que tous les fruits des cotonniers soient assez
» mûrs pour s'ouvrir d'eux-mêmes, on arra-
» che les cotonniers et on les expose au soleil
» pour les faire mûrir plus vite. Le dernier co-
» ton n'est pas aussi bon que le premier, à
» beaucoup près ; mais on en tire parti pour
» les matelas et les grosses toiles de ménage.
» La pire espèce est celui des fruits qui ne sont
» pas assez mûrs, pour que la chaleur du soleil
» les fasse ouvrir, et qu'on est obligé d'ouvrir un
» à un. Il est d'un blanc sale et même un peu jau-
» nâtre : malgré cela il a son prix et sert pour

» faire des couvertures et des feutres à étendre
» sur les estrades où l'on s'assied et où l'on
» dort.

» Nous ne saurions dire au juste à quoi
» monte le produit d'un arpent de cotonniers;
» mais vu les avances que demandent les frais et
» les peines qu'en donne la culture, il faut bien
» qu'il soit plus grand que celui des autres grains
» et légumes, puisqu'on y destine toutes les
» terres qui y sont propres................... »

Voilà, sans contredit, ce que l'on a écrit de
mieux, de plus sage, de plus clairement énoncé
sur la culture du cotonnier, et les cultivateurs
français ne peuvent agir plus sûrement qu'en
suivant les préceptes développés dans le mémoire du missionnaire. La méthode des Chinois se rapproche tellement de celle qui peut
faire réussir les cotonniers en France, que l'on
ne court aucun risque de s'y conformer. Ce
que je vais ajouter viendra à l'appui de mon
opinion à cet égard.

Dans nos climats il ne peut être question,
ainsi que je l'ai déjà dit plus haut, que du cotonnier herbacé. Le coton qu'il produit est à
la vérité moins beau que celui du cotonnier
en arbre; mais il est d'une grande utilité pour
nos manufactures, et c'est le même que nous

tirons du Levant en si grande quantité. On distingue plusieurs espèces ou variétés de cotonniers herbacés, qui diffèrent principalement par la couleur de leurs fleurs et par la teinte, aussi bien que par la qualité du coton; il est plus long ou plus court, plus rude ou plus moelleux, plus léger ou plus pesant; enfin plus blanc ou plus jaunâtre. Les botanistes chinois attribuent ces variations à la différence du climat, du sol et de la culture. On a découvert dernièrement en Afrique, dans le royaume de Deyer, une espèce de coton très-remarquable, de couleur cramoisie (1). Ce serait une matière précieuse pour les frabriques d'étoffes de coton.

Il serait trop long de rapporter toutes les expériences qui ont été faites en différens lieux de la France, avec les graines des diverses espèces ou variétés du cotonnier herbacé. Il suffit de dire que l'objet principal qui doit diriger dans le choix de ces espèces ou variétés, c'est la fleuraison hâtive, d'où dépend la précocité de la récolte. Toutes les espèces de cotonniers de Barbarie, de Malte, du Levant promettent de réussir. M. Vassali, maltais et

(1) Recherches expérimentales sur la Physique des couleurs permanentes (en anglais), par Edwards Baucroft, de la Société de Londres.

agent du gouvernement, chargé de la culture
des cotonniers dans les départemens méridionaux de l'empire français, a préféré le cotonnier de Siam blanc, à graine verte, comme
s'acclimatant aisément et se perfectionnant
même dans nos climats, tant en blancheur
qu'en finesse et *soieusité*, de sorte que M. Vassali s'est déterminé à l'appeler *coton français* (1). M. de Gouffier, dont le *Mémoire sur
le coton* fait partie des *Mémoires d'agriculture, d'économie rurale et domestique*, pu-
bliés par la société *royale d'agriculture*, recommande les espèces de cotonniers cultivées
dans la Natolie et à Santorin (2). Outre le
cotonnier herbacé des îles de l'Archipel de
la Grèce, on cultive avec succès, depuis
quelques années, dans la province de Bari
(royaume de Naples), le cotonnier de Siam
(*gossypium Siamense*), le même que M. Vassali recommande; on l'y connaît sous la dénomination de *cotonnier turc* (3), parce qu'ap-

(1) M. Vassali m'adressa l'année dernière, une *Instruction abrégée sur la Culture du Cotonnier*. Je l'ai
insérée dans la *Bibliothèque Physico-Éeonomique* du
1er Septembre 1809, tome II, page 145.

(2) Année 1789, trimestre d'automne, page 13.

(3) Lettre de M. le Chantre Bisceglia à S. E. le duc

paremment il y a été introduit par la Turquie

Quelle que soit l'espèce à laquelle nos cultivateurs donnent la préférence, ils ne doivent
pas perdre de vue un principe à peu près général, dont l'expérience a démontré la vérité.
C'est que la transplantation des végétaux exotiques sur notre sol ne réussit, au moins d'une
manière qui devienne profitable, qu'autant
qu'elle ne se fait pas trop brusquement, et
qu'elle s'opère peu à peu et de proche en proche. L'espèce de vie végétative est plus délicate que la vie animale; elle supporte moins
les déplacemens, et ce n'est qu'à force de soins
et de ménagemens qu'elle s'habitue à des situations opposées et contraires aux circonstances
qui l'environnent naturellement. Quelques
plantes, douées d'une constitution plus robuste,
font exception à cette règle générale, mais ne la
détruisent pas. Ce sont de ces êtres privilé-
giés qui se rencontrent dans toutes les classes
des productions vivantes de la nature, et qui

de Canzano, conseiller d'état et intendant de la province de Bari, dans le royaume de Naples, sur la
plante du Coton, ses diverses espèces et sa culture.
(*Giornale Encyclopedico di Napoli*, n° 3, Mars 1808),
et *Bibliothèque Physico-Economique*, année 1808,
tome II, page 361.

sont capables de braver les changemens de situation qu'on leur fait subitement éprouver. La même vigueur n'existe pas dans le cotonnier, et quoique ce végétal ne soit point au nombre des plantes les plus délicates, on ne doit pas néanmoins le regarder comme l'un des plus faciles à naturaliser dans des pays moins chauds que ceux dont il est originaire. Mais ce n'est pas de sa patrie même qu'il faut amener le cotonnier dans celle qu'on cherche à lui faire adopter; il est indispensable qu'il en ait été rapproché, et avant que de vouloir le fixer chez nous, on doit attendre qu'il ait demeuré plusieurs années dans notre voisinage; le cotonnier se trouvera alors moins dépaysé, et il s'accoutumera plus facilement aux circonstances nouvelles où on l'aura placé.

Ce n'est donc pas de l'Amérique, de l'Egypte, de la Barbarie, de la Grèce, du royaume de Naples, de Malte, ni même des parties méridionales de l'Espagne et de l'Italie, que le cultivateur de la France proprement dite, ou de l'ancienne France, fera venir les graines de cotonniers; mais il les prendra dans les cantons de l'Espagne ou d'Italie, les plus voisins de ses possessions, où les cotonniers sont déjà cultivés; il aura moins de peine à familiariser

cès nouveaux venus, et il pourra s'en promettre
le dédommagement que ces soins lui donnent
le droit d'en attendre.

J'ai fait en vain, à plusieurs reprises, des
essais de culture, en semant, à Manoncourt,
des graines de cotonniers, récemment arri-
vées de Malte, et que M. Thouin m'avait envoyées. La plupart n'ont point germé, et les
plantes chétives que les autres m'ont procurées
n'ont pas même fleuri. A peu près dans le
même temps, un propriétaire éclairé, du département des Landes, avec qui j'entretenais
une correspondance agronomique, m'a adressé
des graines récoltées dans son département,
et j'en ai obtenu du très-beau coton.

Avant que de rapporter le mode de culture
que j'ai suivi, il me paraît à propos de faire
connaître la lettre qui accompagnait l'envoi
de M. Bosquiat ; c'est le nom du propriétaire
avec qui j'étais en relation : on y verra la méthode adoptée par un cultivateur industrieux
du même département, ainsi que quelques
autres observations. C'est ainsi qu'au milieu
des troubles politiques, au sein des intrigues
furibondes et au bruit des déclamations les
plus audacieuses, de paisibles habitans des
campagnes travaillaient en silence à conquérir

des plantes étrangères et précieuses , et s'en-
tendaient pour enrichir leur patrie qu'assez
d'autres se plaisaient à déchirer.

———

Dans mon habitation , près de Saint-Sever ,
départem. des Landes, le 24 germinal an 4.

» Vous venez de me donner, Monsieur, une
nouvelle marque de l'intérêt que vous prenez
à mes expériences agricoles , en m'envoyant
les diverses espèces de graines que je vous avais
demandées. Je les ai déjà semées avec beaucoup
de précaution , et toutes ont parfaitement levé.
Il n'y a eu que l'orge étrangère qui a été dé-
vorée, en germant, par les moineaux qui
firent ce désordre un jour d'absence ; il en reste
heureusement un pied ; il me suffira pour en
obtenir de l'espèce.

» La graine de coton que je vous fis passer,
il y a déjà quelque temps, n'a pas dû être de
bonne qualité , du moins je l'ai éprouvé
par celle que j'ai conservée ; mais voici de
quoi vous dédommager , et je ne puis mieux
accompagner cet envoi qu'en vous retraçant
ce que me marque M. Dumai, cultivateur à
Sommeris, sur la culture de cette plante. Je

dois sa connaissance à un envoi de graines
de *panis de Guinée*, qu'il m'a demandé.

« Pour satisfaire vos désirs, me mande
» M. Dumai, je joins ici le produit de six
» pousses de cotonnier ; vous jugerez par la
» maturité de la graine et la beauté du coton
» qui l'enveloppe, que la culture de cette
» plante précieuse pourrait être étendue avec
» succès dans cette partie de la France. Dix
» ans d'expérience m'ont fixé sur la manière
» de la cultiver. La voici :

» Je dépouille très-exactement la graine de
» son coton ; je ne la sème que dans les pre-
» miers jours de prairial, sur un bon terrain,
» à l'abri des vents du nord et de l'est ; je ne
» la recouvre que de deux doigts. Si le terrain
» n'a pas l'humidité convenable, je l'arrose
» légèrement. La graine lève très-prompte-
» ment. Un mois après, les jeunes cotonniers
» sont en état d'être transplantés ; je les fais
» mettre à trois pieds de distance ; ils sont
» bientôt repris. En thermidor je fais ouvrir
» la terre ; cette façon détruit les herbes qui
» sont survenues, et favorise l'étendue des ra-
» cines ; sous peu on s'aperçoit de son utilité ;
» les progrès de la plante deviennent plus
» rapides. Elle commence à fleurir sur la fin

» du même mois, et dès-lors jusqu'à ce que
» les gelées viennent la faire périr, elle se
» couvre de fleurs et de gousses. J'ai soin de
» cueillir les gousses dès qu'elles s'ouvrent et
» montrent le coton. Quand la plante cesse
» de végéter, je l'arrache et la suspends au
» grenier. Là, celles des gousses qui n'ont pas
» encore pris tout leur accroissement, et jus-
» qu'aux plus petits embryons, continuent d'y
» mûrir; elles s'ouvrent ensuite et présentent
» un coton qui n'a pas la fermeté du premier,
» mais qui soutient le filage et peut utilement
» s'employer. Tels sont mes procédés. Je vous
» invite à les suivre; ils sont les fruits des ob-
» servations que vous devez avoir faites. Les
» progrès du cotonnier ne sont rapides que
» quand la terre est fortement échauffée; il
» ne faut donc lui en confier les graines qu'à
» cette époque. Vingt jours suffisent à la
» naissance de la fleur et à la maturité du
» fruit ».

» Vous voyez, Monsieur, combien cette
culture se simplifie par le procédé de M. Dumai;
j'avais bien remarqué que le coton semé en germinal, ne faisait que languir même sur couche,
pendant près de deux mois; que d'ailleurs les
vapeurs du fumier étaient nuisibles à cette

plante ; qu'en un mot, elle ne prenait une certaine croissance qu'à l'époque des grandes chaleurs de l'été. Je vous invite à suivre ce procédé.

» J'ai regret de ne pouvoir pas vous envoyer de la graine de *riz sec*, qui réussit parfaitement bien dans ce département, quoiqu'on n'en ait encore tenté la culture qu'en petit et par pure curiosité. Il est l'égal, en bonté, du riz ordinaire ; l'eau lui est presqu'inutile, et il se plaît dans les terres les plus sèches et les plus arides. La raison pour laquelle je ne vous envoie pas cette graine, c'est que mon jardinier l'a semée dernièrement sans rien en réserver. Je vais cependant faire une tentative pour m'en procurer ; si cela me réussit, je ne tarderai point à vous l'envoyer. Vous trouverez cette espèce de riz décrite dans le *Dictionnaire* de l'abbé Rozier, et dans la dernière édition de l'ouvrage de Valmont de Bomare.

» Si vos cantons offrent quelque plante nouvelle, dont l'utilité puisse convenir au sol de la France, veuillez continuer à m'en faire part, j'en conserverai une éternelle reconnaissance.

» Recevez, je vous prie, l'assurance, etc. »

Signé BOSQUIAT, *cultivateur.*

La différence du climat de mon département et de celui des Landes ne me permettait pas de confier, sans précautions, à la terre, les graines de cotonnier que M. Bosquiat m'envoya, ni de suivre à la lettre les conseils de M. Dumar. Je plantai donc ces graines dans des vases que je plaçai au milieu d'une couche médiocrement chaude, destinée pour des melons. Le froid humide qui se prolonge communément dans mon canton, à cause du voisinage des montagnes des Voges, exigea le secours des cloches et des paillassons pour couvrir les graines ; elles ne tardèrent pas à germer ; je laissai les jeunes plantes dans les vases mêmes où elles avaient levé, mais que je retirai hors de la couche ; elles me donnèrent, vers la fin de l'été, une assez grande quantité de gousses, remplies de beau coton et de graines bien mûres.

Je ne rapporte ces essais que comme offrant une lueur d'espérance sur la possibilité de parvenir à naturaliser le cotonnier, même dans les contrées septentrionales de la France. Il en est des essais faits à Manoncourt, comme de ceux qui ont eu lieu en Saxe sur le cotonnier arbrisseau, dans les années 1778, 1779,

1780 et 1781 (1). Ces expériences ne sont, en quelque sorte, que des pierres d'attente, sur lesquelles doivent reposer les parties d'un grand édifice ; car toutes les fois qu'une culture exige des serres, des couches, des pots et d'autres précautions semblables, il n'y a point de véritable naturalisation, et il ne peut en exister aux yeux des cultivateurs que quand les plantes apportées de loin, peuvent prospérer sur le terrain nu et à l'air libre.

On ne saurait apporter trop d'attention au choix des graines. Ni la bonté de la terre, ni les soins les mieux dirigés de la culture, ne peuvent suppléer à la mauvaise qualité des semences. On doit les choisir mûres, saines, sèches, grosses et de couleur noire ; celles qui sont blanches ou tachetées de blanc, petites, humides ou couvertes de moisissure, ne valent rien ; leur maturité n'est qu'imparfaite, ou elles sont gâtées. Les graines doivent être aussi débarrassées des filamens qui les enveloppent et y restent attachés ; pour y parvenir, on les frotte fortement entre les mains.

(1) L'analyse de ces expériences faites en Saxe, par le jardinier Fleischmann, se trouve dans la *Feuille du Cultivateur*, tome I, page 193.

Il est bon de ne point semer les graines sur le même terrain où elles ont été récoltées. Le changement de semences, utile pour la culture de toutes les espèces de plantes, est nécessaire pour celle du cotonnier. C'est une vérité reconnue par les cultivateurs des pays où les cotonniers occupent de grands espaces de terrains; les Maltais et les Siciliens font un échange continuel des graines qu'ils recueillent.

La graine du cotonnier conserve pendant deux années, sa propriété germinative; mais pour la garder, il faut la tenir soigneusement à l'abri de la dent des rats et des souris qui en sont très-friands; il faut aussi la préserver de l'humidité. Mise en terre, cette semence germe au bout de quelques jours; si on ne la voit pas lever dans l'espace de sept à huit jours, on ne doit plus guères y compter.

Les graines tardives qui n'ont pas le temps de mûrir, quoique ne devant pas être employées pour semences, ne sont pas perdues; on les donne aux bestiaux qui sont fort avides de cette nourriture.

Quant à la manière de semer et de cultiver le cotonnier, je suis persuadé que la règle la plus sûre à suivre est celle qui est pratiquée

par les cultivateurs chinois, et dont la connaissance est due aux missionnaires. Je l'ai rapportée avec assez de détails pour qu'il soit su-
perflu d'en parler plus au long, et je ne puis
trop le répéter, elle mérite toute confiance ;
des *instructions* que l'on a données comme
nouvelles, ne sont, pour la plupart, qu'une
mauvaise copie de celle-là.

Le froid, les sécheresses, les pluies trop
abondantes, les brouillards secs ou humides,
les intempéries de l'atmosphère ne sont pas les
seuls obstacles qui s'opposent au succès des
récoltes du cotonnier. Cette plante a d'autres
ennemis qui font souvent de grands ravages
dans les champs qu'elle couvre. Diverses espèces d'insectes se nourrissent de sa graine
germée, de sa tige encore tendre, de ses
feuilles, de ses fleurs, de ses fruits. La chenille,
que l'on nomme *chenille du cotonnier*, est
quelquefois tellement multipliée dans les plantations qu'elle anéantit toute la récolte. Une seule
nuit suffit à ces insectes pour dévorer vingt-
cinq lieues de pays, plantées en cotonniers.
On a éprouvé, en 1754, que les chenilles
firent un ravage si désastreux dans les provinces espagnoles de Murcie, de la Manche, et
dans le royaume de Valence, que la disette en

(49)

fut la suite et la conséquence (1). D'autres vers, ou larves d'insectes, rongent les racines du cotonnier et le font périr. Voici la méthode que les cultivateurs de la Pouille emploient pour préserver de ce fléau leurs plantations : ils forment autour des cotonniers de petits tas d'herbe fraîche ; le ver, par une disposition naturelle, sort de la terre et se loge sous l'herbe ; on l'y trouve et on le tue. C'est ainsi qu'on a réussi à délivrer les jeunes cotonniers de leur plus cruel ennemi (2). Faire tremper les graines dans de l'eau saturée de suie, répandre de la suie sur les semis, donner de fréquens sarclages, enlever avec soin les herbes à mesure que la houe les coupe ou les arrache ; tels sont les moyens à mettre en usage pour délivrer les cotonniers de cette foule d'ennemis qui les attaquent et les dévorent.

Les machines qui servent à égrainer le coton sont assez connues ; mais si l'on avait de

(1) Millot, *Notice sur la Culture du Coton en France* (*Bibliothèque Physico - Économique*, année 1809, tome II, page 249).

(2) Bisceglia, Mémoire sur le Coton, adressé au duc de Canzano (*Giornale Encyclopedico di Napoli*, n° 3. Mars 1808, et *Bibliothèque Physico - Économique*, 1808, tome II, page 376).

4

grandes récoltes, on trouverait de l'avantage à employer l'instrument récemment inventé dans la Caroline. L'inventeur a obtenu une patente du gouvernement fédéral, et la législature de la Caroline du sud lui a payé, il y a trois ans, une somme de cinquante mille piastres pour que tous les habitans de l'Etat aient la faculté d'en faire construire. Cette machine fort simple, et dont le prix n'excède pas soixante piastres, est mise en mouvement par un cheval ou par un courant d'eau, et peut séparer de sa graine trois ou quatre cents livres de coton par jour, tandis que, par le procédé ordinaire, un homme ne pourrait éplucher que vingt-cinq à trente livres. Cette machine, il est vrai, a l'inconvénient de raccourcir, en le hachant, le lainage du coton, et de le rendre, par cette raison, d'une qualité inférieure; mais on assure que cet inconvénient est bien compensé par l'économie du temps et de la main-d'œuvre (1).

Lorsque l'on n'a pas de récoltes assez considérables pour employer un instrument aussi grand que celui de la Caroline, aucune autre

____

(1) Voyage à l'ouest des Monts Alléghanis, dans les Etats de l'Ohio, etc.; par M. F.-A. Michaux, page 293.

machine n'est plus commode que celle dont M. de Gouffier a donné la description, et qui est la plus généralement employée (1). Toute la mécanique consiste dans deux rouleaux, lesquels sont, d'un bout, garnis de vis sans fin, qui, s'engrenant l'une dans l'autre, font tourner ces rouleaux en sens contraire. C'est sur le rouleau supérieur auquel tient la manivelle qui le fait mouvoir, ainsi que l'inférieur, qu'on étend le coton, lequel passant entr'eux, sort d'un côté de la toile, pendant que la graine tombe de l'autre. Le volume de cette machine n'est pas fixé. On fait tourner la manivelle d'une main, pendant que l'autre main place le coton sur le rouleau. On pourrait faire aller plus commodément la machine avec le pied, en y adaptant une roue, ce qui donnerait la facilité d'employer les deux mains pour le service du coton. Les rouleaux doivent être d'environ un pouce et demi de diamètre ; il est nécessaire qu'ils soient proportionnellement à leur volume, rapprochés l'un de l'autre, et qu'il n'y ait simplement d'espace que ce qu'il en faut pour y passer le coton étendu à peu d'épaisseur, afin que la graine ne puisse s'y intro-

(1) Mémoires de la Société royale d'Agriculture, année 1789, trimestre d'automne, pag. 18 et suiv.

duire, et n'empêche le jeu des rouleaux qui finirait par l'écraser et salir le duvet.

Le produit d'une plantation de cotonniers est très-variable. Plusieurs causes tendent à l'augmenter ou à le diminuer; les principales sont la qualité de la terre, l'espèce dont a fait choix, les soins qu'on lui donne, et surtout la nature du climat. Si l'on se souvient que le cotonnier est originaire de pays très-chauds, on concevra facilement que le degré de chaleur doit influer sur l'activité et la vigueur de sa végétation, et que le sol, continuellement échauffé, des contrées voisines des tropiques lui convient mieux que tout autre. C'est là que, participant au luxe que la nature se plaît à étaler, il offre au planteur les produits les plus beaux et les plus abondans. Placé dans des situations moins favorables, le cotonnier devient d'un moindre rapport, et nous ne devons pas espérer d'en obtenir des bénéfices aussi grands que dans les régions chaudes de l'Inde, de l'Afrique et de l'Amérique, où le cotonnier donne deux, et quelquefois trois récoltes par année, tandis que nous ne pouvons en attendre qu'une seule. Mais cette récolte unique promet des avantages assez grands pour que les cultivateurs de nos départemens méridionaux s'attachent à se l'approprier. Ce ne sera qu'à la suite de plusieurs années de la culture du cotonnier, qu'il sera possible d'établir exactement la balance des dépenses et des produits d'une étendue déterminée de terrain. C'est donc une proposition très-légèrement avancée, que celle d'un agronome qui a prétendu, dans ces derniers temps, que dix mille hectares (environ vingt mille arpens) suffiraient pour produire la quantité de coton nécessaire à l'entretien de toutes nos fabriques. Cette proposition peut être vraie, mais ce serait par hasard, puisque nous n'avons encore aucun calcul, aucune donnée sur lesquels on puisse raisonnablement l'appuyer.

Les façons fréquentes qu'exige la culture du cotonnier ameublissent la terre et la disposent très-bien à recevoir du blé après la récolte du coton. Cette considération sera d'un grand poids aux yeux des cultivateurs, et un nouvel encouragement qui les déterminera à s'occuper d'une culture au moyen de laquelle ils ont l'espérance fondée de retirer, pendant la belle saison, un produit avantageux de leurs terres sans déranger leurs récoltes accoutumées, au contraire, avec la certitude de les améliorer.

Une dernière observation, c'est qu'en Chine, ainsi qu'en Natolie, et probablement dans d'autres pays où le cotonnier est cultivé avec succès, il y a des cantons assez froids et sujets aux frimas. Pourquoi les mêmes circonstances seraient-elles plus défavorables en France, et y rendraient-elles impossible la culture du cotonnier? « L'hiver de cette année (1809) ayant été long, dit M. Vassali que j'ai déjà cité, et par conséquent la terre étant entrée en fermentation très-tard, la plupart des personnes qui ont semé le coton à l'époque ordinaire, ne se sont pas aperçues que la saison était très-reculée, en sorte que la graine n'a pu lever. Cette circonstance a donné lieu de croire et de dire que la réussite de la culture du coton en France est presqu'impossible » (1).

Le point le plus important pour préserver les champs de cotonniers des vents froids, qui pourraient endommager ou faire périr ces plantes, c'est de choisir les expositions du levant ou du midi, soigneusement abritées du côté du nord. Si la nature ne présente plus de ces rideaux protecteurs et indispensables, l'art doit s'efforcer d'en former; et si l'on ne

______

(1) Instruction abrégée, etc., dans la *Bibliothèque Physico-Economique*.

peut y parvenir qu'à trop grands frais et avec trop de peine, il faut renoncer à une entreprise qui, sans cette précaution, n'aurait point de réussite.

La constance peut être regardée comme le courage des cultivateurs ; et cette vertu qui leur est familière, doit principalement les soutenir lorsqu'ils ont à fixer sur leur terrain des espèces de plantes qui n'étaient point admises dans leur exploitation, lorsqu'il s'agit de faire plier à des circonstances nouvelles de nouveaux sujets qui ont quelque peine à s'y habituer. C'est alors qu'une industrieuse et active persévérance sait multiplier et varier les essais ; ne point se décourager par des demi-succès, ni même par l'inutilité des premières tentatives ; assurer la réussite d'autres expériences par l'emploi de précautions d'abord négligées ; employer enfin toutes les ressources pour forcer les plantes étrangères à accepter une hospitalité qu'elles paraissent au premier abord vouloir refuser, et qu'elles finissent par adopter et chérir. C'est, en général, une fort mauvaise manière de raisonner que de conclure qu'il est impossible de naturaliser des plantes dans un pays, par la seule raison qu'elles n'y sont pas encore naturalisées, ou que leur naturalisation y éprouve des embarras. Avec cette sorte d'opiniâtreté nécessaire pour opérer le bien, les campagnes de plusieurs cantons de nos provinces méridionales se couvriront, en quelques années, de cotonniers vigoureux, rivaliseront de richesses avec des contrées plus favorisées de la nature, mais moins secourues par une industrie constante et éclairée, réuniront le double avantage de servir l'intérêt général et de satisfaire l'intérêt particulier, alimenteront de nombreuses fabriques d'une denrée dont elles font une très-grande consommation, pourront affranchir la France d'un tribut onéreux, et fournir un jour du coton à nos voisins.

En attendant cette heureuse époque que tout concourt à rendre peu éloignée, il est important de s'attacher à diminuer la consommation du coton, soit en lui substituant, dans quelques circonstances, d'autres matières que nous avons, pour ainsi dire, sous la main, soit en le mélangeant avec ces mêmes substances pour en fabriquer des étoffes aussi belles mais moins chères que si le coton seul fût entré dans leur tissu. L'abondance n'a pas de meilleur soutien que l'économie, elle diminue et se perd au contraire par l'inconsidération et la prodigalité ; user de ménagement dans l'emploi des choses les moins rares, c'est un acte de prudence, et quand la culture du cotonnier aura été fixée en France, quand le commerce et les manufactures n'auront plus à s'approvisionner de leurs produits hors des frontières, quand enfin le coton, ce précieux *supplément de la laine et de la soie*, comme les Chinois l'appellent, sera devenu une denrée nationale dans les départemens méridionaux, il sera toujours raisonnable et utile d'en ménager l'emploi par celui d'une matière également précieuse, qui deviendra pour le nord de la France l'objet d'une très-bonne spéculation agraire, et que l'on devra nommer, à juste titre, le *supplément du coton*. Cette matière est produite par une espèce de plante du genre des *asclépiades*.

SECONDE DIVISION.

Des Asclépiades, et en particulier de l'Asclépiade de Syrie.

Si l'on recherche l'étymologie du nom d'*asclépiade* (en grec et en latin *asclepias*) donné à un genre nombreux de plantes de la famille des *apocinées*, il faut remonter aux anciens auteurs grecs et latins, qui ont écrit sur la botanique et la médecine, et encore sortira-t-on peu satisfait de cette recherche. *Asclepias* est le nom le plus ancien d'une plante médicinale, connue des Grecs et des Romains. Esculape, qu'en Grèce on appelait *Asclepios*, a découvert le premier, disait-on, les vertus de cette plante, et c'est au dieu de la médecine qu'elle doit vraisemblablement le nom sous lequel les anciens l'ont désignée. Mais il est presque certain que l'*asclépiade* de l'antiquité ne fait point partie du genre de plantes que les botanistes modernes indiquent par cette même dénomination. « L'asclépias, suivant Diosco-

...ide, produit de longues branches, des feuilles longues et semblables à celles du lierre, plusieurs racines menues et odorantes, une fleur puante et des graines semblables à celles du *securidaca*. Cette plante croît sur les montagnes. Ses racines prises en breuvage, dans du vin, guérissent les tranchées et les morsures des serpens. L'application de ses feuilles est un spécifique contre les ulcères des mamelles et les parties génitales des femmes, quelque dangereux et malins qu'ils soient (1) ». Pline s'est contenté de copier Dioscoride (2). La description rapportée par ce dernier ne convient nullement aux plantes qui portent à présent le même nom d'*asclépiades*, et c'est à tort que quelques auteurs l'ont confondue avec l'*asclépiade dompte-venin (asclepias vincetoxicum)*. Mathiole, le commentateur de Dioscoride, avait déjà fait cette remarque. Après avoir dit que l'*asclépias* de son auteur ne pouvait être le lierre terrestre, comme le prétendaient quelques écrivains, Mathiole ajoute : « D'autres » aussi errent grandement (et ne déplaise à » Fuhsius, qui est de cette opinion) lorsqu'ils » prennent pour asclépias cette plante que les

(1) Matière médicale, livre 3 , chap. 6.
(2) Hist. naturalis, lib. 27 , cap. 5.

» herboristes appellent *vincetoxicum* ; la-
» quelle croist ordinairement ès lieux aspres
» et parmi les rochers ; ayant sa tige fort lis-
» sée et ses feuilles plus pointues que celles du
» laurier, jetant une fleur blanche et bourrue,
» avec de petites gousses longues et minces,
» ayant aussi plusieurs racines blanches ; car
» cette plante n'a ni ses feuilles ni ses racines
» odorantes. Joint aussi que ses fleurs ne sont
» puantes ; et n'est sa graine semblable à cele
» du securidaca. Item, selon qu'on peut voir
» en l'exemplaire d'Oribasius, l'asclépias n'a
» les feuilles longues ; lequel Marcellus a suivy
» en sa traduction : suyvant aussi, comm de
» coustume, les bons exemplaires qu'il avoit.
» D'avantage j'ay veu en un vieil exemplaire,
» que les racines d'asclépias estoyent menuës
» et odorantes. (1) » Malgré cette opinion clairement énoncée par Mathiole, quelques écrivains, entr'autres Poinsinet de Sivry (2), ont
confondu *l'asclépias* de Dioscoride ave le

(1) Commentaires d'André Mathiolus, sur les six
livres de Dioscoride de la matière médicale, traduits
du latin en français, par M. Antoine du Pin ; Lyon,
1605, page 312, deuxième colonne, §§ 30, o et 50.

(2) Histoire naturelle de Pline, traduit en français, etc., tome 9, page 28, note 15.

(61)

Dompte-venin. Jean Bauhin est tombé dans une autre erreur en prenant l'*asclépias* pour *l'hirundinaria*, qu'il joint à la grande chélidoine, laquelle s'appelle aussi en allemand l'*herbe des hirondelles*.

Il résulte de ce qui précède, 1º que la plante à laquelle les Grecs ont donné le nom d'Esculape, n'est point une espèce d'asclépiade ; 2º que l'on est souvent exposé à commettre des erreurs, en admettant l'identité des plantes que les anciens et les modernes ont désignées par une même dénomination.

J'ai dit que les asclépiades forment un genre dans la famille des *apocinées*, lesquelles ont les fleurs monopétalées (1), en général ligneuses ou vivaces, contenant, pour la plupart, du suc laiteux, souvent âcre et caustique, enfin, ayant communément leurs feuilles opposées (2) ou verticillées (3), simples et entières (4). Les fleurs sont hermaphrodites, complètes, régulières (5), presque toujours d'un aspect très-

(1) D'une seule pièce.

(2) Naissant en face l'une de l'autre.

(3) Disposées en cercle, autour des tiges ou des branches.

(4) La feuille est simple lorsqu'elle est unique sur son pétiole, et entière quand les bords sont unis.

(5) La fleur hermaphrodite réunit les deux sexes

agréable. Le nom d'*apocinées* a été donné à cette famille de plantes, parce qu'elle comprend plusieurs genres qui ont des rapports très-marqués avec le genre même de l'*apocin*, qui en fait également partie (1).

Dans le système botanique de Linnæus, les asclépiades font partie de la *pentandrie digynie*, classe qui comprend les plantes portant cinq étamines et deux styles.

Chaque fleur, dans ces plantes, consiste 1° en un calice fort petit, persistant (2) et partagé en cinq divisions pointues; 2° en une corolle (3) monopétale, courte, communément en rosette, ayant cinq découpures ovales, pointues, ouvertes et quelquefois réfléchies vers le calice; 3° en cinq cornets articulés (4), plus courts que la corolle, alternes avec ses divisions, opposées à celles du calice, et qui

(étamines et pétioles); complète, elle a calice, corolle, étamines et pistil; régulière, toutes ses parties sont également éloignées du centre commun.

(1) Botanique de Lamarck, dans l'Encyclopédie méthodique.

(2) Qui ne tombe point.

(3) Enveloppe colorée des étamines et du pistil, la partie la plus brillante de la fleur; elle est monopétale, quand elle n'est que d'une seule pièce.

(4) Munis de nœuds ou d'articles.

quelquefois laissent sortir de leur cavité un filet
incliné vers le milieu de la fleur ; 4° en cinq
étamines (1) de la longueur du chapiteau du
pistil, composées de cinq filets membraneux,
élargis vers leur bout, situés entre les cornets
et le pistil, alternes avec les divisions de la
corolle, et à chacun desquels est adnée (2),
dans sa face intérieure, une anthère oblongue,
divisée en deux loges distinctes ; 5° en dix
filets ou conduits particuliers, qui partent chacun d'une des loges des anthères, vont, en s'é-
cartant latéralement, aboutir aux corpuscules
qui sont accollés au chapiteau du pistil ; 6° en
cinq corpuscules noirâtres, ovoïdes, opposés
aux divisions de la corolle, alternes avec les
étamines, situés au-dessus des fissures latérales
du chapiteau des pistils, et auxquels aboutissent de chaque côté les filets ou conduits qui
partent des loges des anthères, chaque corpuscule en recevant deux ; 7° en un pistil cons-
titué par deux ovaires supérieurs, chargés
chacun d'un style court et droit ; 8° en un corps
tronqué ou espèce de chapiteau légèrement
pentagone (3), ayant sur chaque angle une

(1) L'étamine est l'organe mâle des fleurs.
(2) Attachée.
(3) C'est-à-dire à cinq côtés et à cinq angles.

petite fente particulière, et qui, comme un couvercle charnu, couvre les deux styles, et cache entièrement le pistil et la fleur. Le fruit est composé de deux follicules oblongs, accuminés (1), plus ou moins ventrus, uniloculaires (2), et qui s'ouvrent chacun d'un seul côté par une fente longitudinale. Les follicules renferment des semences nombreuses, couronnées d'une aigrette d'un poil fin et soyeux, et qui sont imbriquées (3) autour d'un placenta (4) libre (5).

La conformation des fleurs des asclépiades est très-singulière; on a cru y reconnaître la figure des organes de la génération, particuliers à l'homme; et la quantité de pièces accessoires aux parties principales, qui sont nécessaires à la reproduction, paraissent être un jeu de la nature, et constituent un caractère éminemment distinctif et facile à saisir au premier aspect.

(1) Qui se termine en une longue pointe.

(2) A une seule loge.

(3) Imbriquées, c'est-à-dire, arrangées les unes sur les autres, comme les tuiles sur un toit.

(4) Partie du fruit à laquelle les semences sont attachées.

(5) De Lamarck, ouvrage précédemment cité.

Pour faciliter la connaissance des diverses espèces d'asclépiades, les botanistes les ont partagées en deux sections : l'une comprend les asclépiades à feuilles alternes, c'est-à-dire rangées alternativement le long des branches ; dans l'autre section sont comprises les asclépiades à feuilles opposées ou placées en face l'une de l'autre, à la même hauteur.

Asclépiades à feuilles alternes.

ASCLÉPIADE ROUGE (1). Cette espèce croît naturellement dans la Virginie ; elle est herbacée, et ses fleurs rouges sont disposées en ombelles (2).

L'ASCLÉPIADE TUBÉREUSE (3). Plante vivace

(1) *Apocynum caule erecto simplici annuo, foliis ovatis acuminatis alternis, pluribus in pedunculo umbellis.* Gron. Virgin. , 27. — *Asclepias foliis alternis ovatis, umbellis ex eodem pedunculo communi pluribus . . . . Asclepias rubra.* Lin. *Syst. nat.* édit. Gmel. gen. 3o6, p. 34. — *Asclépiade rouge.* Lamarck, Thouin, etc.

(2) En parasol.

(3) *Apocynum novæ angliæ hirsutum, tuberosâ radice, floribus aurantiis.* Dill. Elth. 35, t. 3o, f. 34. — Herm. Lugd., B. t. 647. — *Asclepias foliis lanceolatis caule divaricato piloso . . . . . Asclepias tuberosa.* Lin. *Syst. nat.* Gmel. gen. 3o6, p. 34. — Encyclopéd. méthod. Lamarck et Thouin. — Dumont Courset, p. 198.

dont la racine est épaisse et charnue ; les tiges sont droites, les feuilles velues et les fleurs réunies en ombelles et d'un beau rouge orangé. Cette asclépiade appartient, comme la précédente, au nord de l'Amérique. On la cultive, en pleine terre, dans nos jardins où les fleurs produisent un effet très-agréable. On la place à une bonne exposition et dans un terrain sec et léger ; l'humidité du sol ferait pourrir ses racines.

L'ASCLÉPIADE DE LA FLORIDE (1). Celle-ci, que les botanistes ont trouvée dans la Floride et sur les bords du Mississipi, diffère peu de la precédente. Sa tige est simple et ses feuilles sont plus étroites.

Asclépiades à feuilles opposées.

L'ASCLÉPIADE ONDULÉE (2). Plante vivace

(1) *Asclepias foliis alternis, lanceolato-linearibus, umbellis terminalibus ; caule simplici piloso.........Asclepias Floridana.* Asclépiade de la Floride. Lamarck, Encycl. Méthod. esp. 23 ; Thouin. *Ibid.*

(2) *Apocynum Africanum, lapathi folio.* Commel. rar. t. 16. — *Asclepias foliis sessilibus oblongis, lanceolatis, undulatis, glabris, petalis ciliatis.* Lin. *Syst. nat.* édit. Gmel. gen. 306, p. 24. — *Asclepiade ondulée.* Lamarck et Thouin, Encyclop. Méthod. esp. 1. — Dumont-Courset. esp. 1, etc., etc.

du cap de Bonne-Espérance, exigeant l'orangerie dans nos climats. Ses fleurs sont grandes, en ombelles rapprochées en épi, mais sans éclat ; leur teinte est verdâtre, et des poils blancs qui bordent les pétales les font paraître comme frangés. Les feuilles sont oblongues, vertes et plissées sur leurs bords de sinuosités arrondies ; ce dernier caractère a déterminé la dénomination spécifique de cette asclépiade.

L'ASCLÉPIADE CRÉPUE (1). C'est aussi une plante du cap de Bonne-Espérance, d'où M. Sonnerat l'a rapportée. Elle est vivace, et ne peut réussir en France qu'à la faveur de l'orangerie. Ses feuilles, plus ondulées que celles de l'espèce précédente, sont frisées ou crépues, linéaires (2) et terminées en pointe. Les fleurs, disposées en une petite ombelle nue et terminale (3), sont colorées en jaune mélangé de vert.

____

(1) *Apocynum erectum africanum, subhirsutum, foliis undulatis*. Commel. rar. f. 17. — *Asclepias foliis cordato-lanceolatis, undulatis, scabris, umbellâ terminali*. Lin. Syst. nat., édit. Gmel. gen. 106, sp. 23. — *Asclépiade crépue*. Lamarck et Thouin. Encyclop. méthod. — Dumont-Courcet, etc., etc.

(2) Ou longues et étroites.

(3) Qui termine la tige.

L'ASCLÉPIADE VELUE (1) croît dans la même partie de l'Afrique méridionale que les deux dernières. C'est un arbrisseau dont la tige, les feuilles et les fleurs sont velues ou couvertes de poils très-courts. La forme des feuilles approche beaucoup de celle du saule, et les fleurs sont pourprées.

L'ASCLÉPIADE GÉANTE (2). Son nom indique, non pas la hauteur de sa tige, mais la grandeur

(1) *Apocynum africanum tuberosum, latiori salicis folio, flore pallidè punicante*, Moris. Hist. plant. 3, t. III, f. 35.— *Asclepias caule fruticoso pedunculisque villosis, foliis ovatis venosis, nudis......... Asclepias pubescens.* Lin. Syst. nat. édit. Gmel. gen. 306, sp. 17. — *Asclépiade velue.* Lamarck et Thouin. Encyclop. méthod.

(2) En allemand, *die riesenmassig grosse seidenfrucht.* En hollandais, *reusagtige zydevrugt.* En anglais, *the bellflower'd gigantic swallow wort.* En arabe d'Egypte, *beid el eschar, bied el ossar.* A Ceylan, *waraghaha, weraghaha.* Au Malabar, *crien, zia rack.*

Asclepias foliis amplexicaulibus, basi internè ad petiolum crinitis. Jacq., observ. 3, p. 17, t. 89.— *Asclepias foliis amplexicaulibus oblongo-ovatis, basi pilosis.......Asclepias gigantea.* Lin. Syst. nat., édit. Gmel. gen. 306, sp. 22. — *Asclépiade géante.* Lamarck et Thouin. Encyclop. méthod. esp. 4. — Dumont-Courcet, esp. 3, etc., etc.

de ses fleurs. Aucune autre espèce ne les porte aussi volumineuses; elles ont communément plus d'un pouce de diamètre, et elles sont disposées en petites ombelles dans les aisselles des feuilles (1); leur couleur varie depuis le blanc teinté de rougeâtre, jusqu'au rouge foncé ou violet. De grosses gousses, remplies de semences, portant de longues aigrettes de soie, succèdent aux fleurs. Un duvet cotonneux couvre les feuilles épaisses et ovales.

L'asclépiade géante est un arbrisseau dont l'élévation ordinaire est de cinq à six pieds, et qui est naturel aux climats les plus chauds de l'Inde; on l'a retrouvé dans toute l'Égypte, seulement avec des feuilles moins larges, sur les terrains secs et argileux. Le rédacteur du voyage de lord Macartney dans l'intérieur de la Chine, a vu ce même arbrisseau croître sans culture sur les sables brûlans du rivage de San-Yago, l'une des îles du Cap-Vert (2). Chez nous, on n'a pu encore obtenir cette belle asclépiade qu'avec le secours des serres chaudes. Si on parvenait à la naturaliser, on obtiendrait de sa culture les mêmes

(1) L'aisselle est le point de l'angle formé par la feuille et la branche.

(2) Tom. I, pag. 171 de la traduction française.

avantages que de l'asclépiade de Syrie, par la soie qu'elle produit; et sa propriété de croître au milieu des sables arides, serait un moyen de changer la nature de ces espaces stériles, et de les disposer à recevoir d'autres végétaux. Cette espèce abonde en suc laiteux et corrosif, qui cause, dit-on, la mort aux animaux tentés de se nourrir de son feuillage.

L'ASCLÉPIADE DE SYRIE. Il en sera fait une mention spéciale à la suite de cette notice.

L'ASCLÉPIADE ÉLÉGANTE (1) doit sa dénomination à la beauté de son port, à ses feuilles lisses en-dessus et cotonneuses en-dessous, qui garnissent les tiges dans toute leur hauteur, et plus particulièrement au pourpre brillant de ses fleurs en ombelle terminale. C'est une des espèces les plus jolies de ce genre; elle est vivace et naturelle à l'Amérique septentrionale. Quoique cette plante réussisse très-bien en pleine terre dans le climat de Paris, il est rare

______

(1) *Apocynum floribus amœnè purpureis, corniculis surrectis.* Dill. Elth. 31, t. XXVII, f. 30. — *Asclepias caule simplici, foliis ovatis subtus pilosiusculis, umbellis nectariisque erectis...... Asclepias amoena.* Lin. Syst. nat., édit. Gmel. gen. 306, sp. 15. — *Asclépiade élégante.* Lamarck et Thouin. Encyclop. méthod. esp. 6. — Dumont-Courset, esp. 8, etc., etc.

qu'elle y donne des fruits ; ses fleurs déploient toute la beauté de leur parure pendant l'été.

L'ASCLÉPIADE POURPRÉE (1), transplantée de son pays natal, l'Amérique boréale, dans le nôtre, y donne aussi rarement des fruits que l'asclépiade élégante ; mais elle est plus robuste et elle croît indistinctement dans toutes sortes de terrains et à toutes les expositions. C'est une plante vivace que l'on multiplie aisément par ses racines, qui aiment à s'étendre. Les feuilles sont ovales et cotonneuses en dessous, et les fleurs disposées en ombelles droites, ont leur corolle verdâtre, avec des raies pourprées, et leurs cornets, qui sont presque renversés, d'un pourpre éclatant.

Le célèbre naturaliste de Russie, M. Pallas, a vu l'asclépiade pourprée dans plusieurs parties méridionales de la Sibérie, et sur les confins de la Mongolie (2).

(1) *Apocynum floribus obsoletè purpureis, corniculis resupinatis.* Dill. Elth. 32 , t. XXVIII, f. 31. — *Asclepias caule simplici, foliis ovatis subtus villosis, umbellis erectis, nectariis resupinatis….. Asclepias purpurascens.* Lin. Syst. nat. édit., Gmel. gen. 306, sp. 14. — *Asclépiade pourprée.* Lamarck et Thouin. Encyclop. méthod., esp. 7. — Dumont-Courset, esp. 9, etc., etc.

(2) Voyages en différentes provinces de l'empire de

L'ASCLÉPIADE PANACHÉE (1). Espèce vivace et naturelle à la Virginie. On pourrait la confondre avec l'asclépiade de Syrie , sans les taches d'un rouge obscur dont ses tiges sont parsemées , les rides de la surface supérieure de ses feuilles , lesquelles d'ailleurs ne sont pas cotonneuses en dessous, enfin , le blanc légèrement rougeâtre de ses fleurs qui paraissent dans nos climats en juillet. Cette plante n'est pas plus délicate que l'asclépiade pourprée , et son effet est également agréable dans les jardins.

L'ASCLÉPIADE DE CURAÇAO (2) n'est pas douée

Russie et dans l'Asie septentrionale ; tome IV *in-4°* de la traduction française, pag. 369 et 616.

(1) *Apocynum vetus americanum* , Wissang *Gerardo dictum* , Dill. Elth. 32. — *Asclepias caule simplici, foliis ovatis, rugosis, nudis, umbellis subsessilibus, pedicellis tomentosis*..... *Asclepias variegata.* Lin. Syst. nat. , édit. Gmel. gen. 506 , sp. 13. — *Asclépiade panachée.* Lamarck et Thouin , Encyclop. méthod. , esp. 8. — Dumont-Courset, esp. 10 , etc. , etc.

(2) *Apocynum radice fibrosá , petalis coccineis , corniculis croceis.* Dill. Elth. , t. 30 , f. 33. — *Asclepias caule simplici, foliis lanceolatis glabris nitidis, umbellis erectis, solitariis, lateralibus*....... *Asclepias Curassavica.* Lin. Syst. nat., édit. Gmel. gen. 306, sp. 12. — *Asclépiade de Curaçao.* Lamarck et Thouin, Encyclop. méthod., esp. 9. — Dumont-Courset, esp. 9.

de la même force de constitution, de la même
rusticité que les deux espèces précédentes. La
serre chaude, ou tout au moins une exposition choisie et de grands ménagemens peuvent
seuls faire réussir cette plante vivace dans nos
climats. On est, du reste, dédommagé des
soins que sa culture exige, par la beauté de ses
fleurs dont les pétales sont d'un jaune safrané
et les cornets d'un rouge orangé. On en jouit,
sur les mêmes pieds, depuis juillet jusqu'en octobre. Ses tiges, simples et cylindriques ne
s'élèvent guères au-delà de deux pieds, et les
feuilles qui les garnissent sur toute leur hauteur sont oblongues, pointues, molles, lisses
et d'un vert luisant. Les racines ne traînent
pas à la surface de la terre, et s'enfoncent ver-
ticalement.

L'ASCLÉPIADE A FEUILLES D'AMANDIER (1)
ressemble beaucoup à l'asclépiade de Curaçao ;
les seules différences qui la distinguent con-
sistent dans la moindre largeur de ses feuilles

(1) *Apocynum persicariae mitis folio, corniculis lac-
teis.* Dill. Elth. 33, t. XXIX, f. 32. — *Asclepias caule
simplici, foliis lanceolatis glabris nitidis, umbellis
erectis solitariis lateralibus... Asclepias nivea.* Lin.
Syst. nat. édit. Gmel. gen. 306, sp. 12. — *Asclépiade
à feuilles d'amandier.* Lamarck et Thouin. Encyclop.
méthod., esp. 10. — Dumont-Courset, esp. 11, etc., etc.

et dans la couleur blanche de ses fleurs. Sa culture exige aussi les mêmes soins. C'est comme la précédente, une plante vivace des Antilles, laquelle paraîtrait être également indigène de l'Arabie, puisque Forskal fait mention d'une asclépiade blanche (*asclepias nivea*) dans sa *Flore* d'Egypte et d'Arabie ; mais je doute que ce soit la même espèce que l'*asclépias nivea* de Linnæus et des autres auteurs qui ont désigné par cette dénomination spécifique, l'asclépiade à feuilles d'amandier. On en jugera par la phrase latine de Forskal, rapportée en note (1).

L'ASCLÉPIADE INCARNATE (2). C'est une très-belle plante, vivace et indigène de la Virginie et du Canada. Elle pousse plusieurs tiges droites, ligneuses, rougeâtres par le bas, et qui s'élèvent à quatre ou cinq pieds. Des feuilles

(1) *Asclepias caule volubili, scandente, corollá campanulatá, viridi, tortili, petalis linearibus....* Asclepias glabra. En arabe, *chaschve.* Forskal, *flora*, etc., pag. 51, esp. 73.

(2) *Apocynum erectum, canadense, angustifolium.* Tournef., 91. — *Asclepias caule supernè diviso, foliis lanceolatis, umbellis erectis geminis..... Asclepias incarnata.* Lin. Syst. nat. édit. Gmel. gen. 306, sp. 10. — *Asclépiade incarnate.* Lamarck et Thouin. Encyclop. méthod., esp. 11.

semblables à celles du pêcher, mais lisses et sans dentelures, d'un vert foncé, garnissent les tiges. De petites fleurs de couleur incarnate terminent les rameaux et forment deux ou trois ombelles droites ; ces fleurs exhalent une odeur douce de vanille. Cette asclépiade se cultive en pots que l'on rentre l'hiver dans l'orangerie, ou en pleine terre un peu sablonneuse et à une bonne exposition. Mais il est nécessaire de couvrir la plante dans les grands froids.

L'ASCLÉPIADE INCLINÉE (1). Ses tiges inclinées et même couchées sur la terre, forment son caractère spécifique ; elles sont garnies de feuilles nombreuses, ovales et velues. Les fleurs en ombelles sont d'une jolie couleur orangée. Cette plante vivace, qui vient de la Virginie, réussit en pleine terre, avec la précaution de la garantir des fortes gelées dans sa jeunesse.

L'ASCLÉPIADE DE CEYLAN (2). Toutes les

(1) *Asclepias caule decumbente hirsuto, foliis ovatis, obtusis, subsessilibus.* Gronov. *Virg.* 27. — *Asclepias caule decumbente, foliis villosis..... Asclepias decumbens.* Lin. Syst. nat. édit. Gmel. gen. 306, sp. 9. — *Asclépiade inclinée.* Lamarck et Thouin. Encyclop. méthod., esp. 12.

(2) *Apocynum indicum asclepiadis facie, esculen-*

asclépiades connues contiennent un suc laiteux, plus ou moins âcre. Celle-ci serait une
exception très-remarquable, si l'on s'en rap-
portait au témoignage de Jean Burman, botaniste hollandais. Il dit, en effet, que l'espèce
d'asclépiade, propre à l'île de Ceylan, donne
beaucoup de lait dont on se sert à défaut de
lait de vache ; il ajoute qu'on fait cuire aussi
les feuilles de cette plante avec les alimens qui
exigent du lait pour leur préparation (1). J'ai
fait d'assez longues recherches pour m'assurer
si ce fait singulier avait été confirmé par quelqu'autre voyageur. J'ai bien vu que plusieurs
écrivains l'avaient répété, mais aucun obser-
vateur n'en a parlé comme témoin oculaire ;
en sorte que sans nier positivement ce point
de la relation de Burman, il est permis d'en
douter.

Quoi qu'il en soit, l'asclépiade de Ceylan
ressemble si bien à l'espèce suivante, que la
description de l'une peut également s'appli-

fum. Burm. *Thes. Zeyl.* 24. — *Asclepias caule erecto,
foliis ovatis, umbellis proliferis brevissimis.* Lin.
Syst. nat. édit. Gmel. gen. 306, sp. 20. — *Asclépiade
de Ceylan.* Lamarck et Thouin. Encyclop. méthod.
esp. 13.

(1) *Thesaurus Zeylanicus,* in-4°. 1737, cap. 24.

quer à l'autre, si ce n'est que les feuilles de l'asclépiade de Ceylan sont plus courtes et plus pointues, et que les ombelles de ses fleurs sont plus courtes.

L'ASCLÉPIADE BLANCHE (1). C'est une plante célèbre dans les fastes de la médecine. Mais avant que de parler de ses propriétés réelles,

(1) Vulgairement *dompte-venin*, *herbe de Saint-Laurent*. En Provence, *reviromenu*, *tin tout choz*. En allemand, *schwalbenkraut*, *schwalbenwurz*, *gistwende*, *gistwurz*, *St.-Lorenzkraut*. En hollandais, *tegengiftige-zidevrugt*, *zwaluw-wortel*. En danois, *svalerod*. En suédois, *tulkort*, *rilort*, *tulkegrass*, *horskonung*. En anglais, *officinal swallow wort*, *common white flowering swallow wort*. En italien, *vin-tossico*. En espagnol, *vencetosigo*, *vince toxico*. En portugais, *hirundinaria*, *wincetoxico*. En russe, *tschor-towa boroda*, *listawitzchei korne*. En polonais, *jas-koleze ziele*, *rotospasc*, *toiesc*, *troiesc*. En bohémien, *lasstowienjk*, *wlastowienjck*. En hongrois, *festke-fu*, *szent lorintz-fu*. En esthonien, *angerwarred*.

Asclepias foliis cordato-ovatis, acutis, subciliatis; caule erecto, umbellis proliferis, axillaribus....... Asclépias albo flore. Bauh. Pin. 3o3. — Tournef., 94. — Asclepias caule erecto, foliis ovatis basi barbatis, umbellis proliferis..... Asclepias vincetoxium. Lin. Syst. nat. édit., Gmel. gen. 3o6, sp. 21. — Asclépiade blanche. Lamarck et Thouin. Encyclop. méthod., esp. 14.—Asclépiade dompte-venin. Dumont-Courcet, esp. 13.

supposées ou équivoques, il convient de la faire connaître. J'ai déjà dit que cette asclépiade avait été mal à propos confondue avec l'*asclépias* de Dioscoride, et peut-être que les vertus qu'on lui a attribuées dérivent de cette confusion, car l'*asclépias* des anciens passait aussi pour un *dompte-venin*.

On trouve assez communément cette plante dans les bois sablonneux et dans d'autres lieux incultes de la France et de l'Europe. Elle est vivace. Sa racine est blanche, menue et composée de plusieurs filamens d'une odeur désagréable et nauséabonde, approchant de celle de l'*asaret d'Europe*, ou *cabaret* (*azarum Europæum*); mais cette odeur se perd en grande partie à mesure que la racine se dessèche. Si l'on goûte cette racine, on lui trouve d'abord une saveur douce, qui se change bientôt en âcreté. Des tiges droites et flexibles s'élèvent du collet des racines à la hauteur de deux ou trois pieds, et sont garnies sur presque toute leur longueur, de feuilles à peu près formées en cœur et légèrement velues. Les fleurs paraissent au mois de mai, au sommet des tiges et dans les aisselles des feuilles supérieures; ces fleurs sont petites et blanches, ou d'un jaune pâle.

C'est la racine de cette asclépiade qui a été long-temps d'un fréquent usage dans les pharmacies, sous la dénomination de *racine d'herbe aux hirondelles*, ou de *dompte-venin* (1). Frédéric Hoffmann reconnaissait, dans cette racine, quelque vertu anodine, et il la croyait propre à lever les obstructions, à provoquer la sueur, les urines, les menstrues (2). Sa décoction provoque un léger vomissement, selon Burr (3) et Geoffroy (4). Jean Bauhin assure que, bouillie dans du vin, et appliquée à la plante des pieds, elle fait sortir, par la sueur, l'eau qui s'amasse sous la peau (5). Burr regarde cette même décoction comme très-utile aux hydropiques (6). Stahl faisait entrer la racine dans sa poudre anti-hydropique. L'infusion dans de l'eau a été vantée par Tournefort, comme un bon emménagogue, et la poudre comme propre à déterger les ulcères (7). Plusieurs auteurs l'ont recomman-

(1) *Radix hirundinaria*, vel *vincetoxici*.
(2) *Medicin. Syst.*, tom. IV, part. 3, pag. 431.
(3) *Ephem. nov. curios.* Dec. 2, art. 7, pag. 105.
(4) Matière médicale, tom. V, pag. 232.
(5) *Hist. plant.*, tom. II, pag. 139.
(6) *Ephem.*, *loco citato*.
(7) Plantes de Paris, tom. I, pag. 100.

dée dans les fièvres malignes et même dans la
peste, ce qui a fait appeler cette racine le
contrayerva des Allemands (1). Par la même
raison, elle a été mise en usage pour faire
sortir les boutons de la petite vérole, etc. (2).
Elsner l'employait en décoction dans les
écrouelles, etc., etc. (3).

Soit que la médecine ait découvert des re-
mèdes plus énergiques contre les maladies
dans lesquelles on sait qu'elle a prescrit la racine de l'asclépiade blanche, soit que la mode
qui, ne s'attachant pas exclusivement aux choses
frivoles, étend sa volage autorité sur les matières les plus graves, la racine et les autres
parties de l'asclépiade blanche sont à peu près
abandonnées. Cependant on ne peut disconvenir que ces substances n'aient des vertus médicinales bien constatées. Un savant professeur de Lyon, le docteur Gilibert, donne
souvent avec succès la décoction de la racine
récente pour guérir les dartres, l'hydropisie,
les écrouelles et la suppression des menstrues.

(1) Palmar., *de febribus pestilent.*, cap. 18. — Nut-
zer, *antid. pestilent.*, lib. 2.

(2) Lin. *Faun. suec.*, pag. 27.

(3) *Ephem. nov. curios.* Dec. 1, ann. 1, n° 57,
pag. 53 *et seq.*

Dans le pays de Liége, dit Willemet, on fait fréquemment usage des feuilles de cette asclépiade, à la dose de trente à quarante grains, infusés dans un verre d'eau, comme d'un vomitif doux. Voilà donc un excellent substitut de l'ipécacuanha (1).

L'usage intérieur des différentes parties de cette plante me paraît néanmoins ne devoir se faire qu'avec circonspection; car on ne peut dissimuler que ce ne soit une plante suspecte, à en juger par l'odeur nauséabonde et la saveur âcre de ses racines, ainsi que par le lait corrosif qui découle de ses tiges; tous les animaux la rebutent, à l'exception des chèvres, qui broutent l'extrémité de ses tiges. Les chevaux ne la mangent qu'à défaut d'autre nourriture, et seulement quand, atteinte par la gelée, elle a perdu la plus grande partie de son âcreté.

Si l'asclépiade blanche ne possède pas des propriétés incontestables dans la pratique de la médecine, on ne peut douter qu'elle n'offre à l'économie rurale et domestique, des avantages réels, auxquels on n'a pas fait attention, parce que dans l'état de sauvage, la plante disséminée les indique plutôt qu'elle ne les pré-

(1) Phytographie encyclopédique, tom. I, pag. 261; et Matière médicale indigène.

sente, et que la difficulté de rassembler des produits épars a suffi pour les faire négliger. Mais une culture aussi facile qu'elle serait peu embarrassante, servirait à fertiliser des terrains ingrats, et à procurer des profits certains. En effet, le duvet soyeux, attaché en aigrettes aux graines de l'asclépiade blanche, est propre à remplir les coussins et les matelas, ainsi qu'à ouater, et ses tiges préparées comme celles du chanvre et du lin, donnent une filasse aussi bonne. Nulle plante n'est moins délicate ; les terres pierreuses et arides, les expositions les moins favorables lui conviennent ; l'humidité seule, lorsqu'elle est trop constante, rend sa végétation languissante et peut la faire périr.

L'ASCLÉPIADE NOIRE (1) ne serait point distincte de l'asclépiade blanche, si elle n'avait les tiges un peu sarmanteuses et entortillées à leur sommet, les feuilles moins grandes et d'un vert très-foncé, enfin, les fleurs petites et

____

(1) Dompte-venin noir. *Asclepias foliis ovato-lanceolatis, acutis, subciliatis; caule supernè volubili.... Asclepias nigro flore.* Bauh. *Pin.* 303. — *Asclepias caule supernè subvolubili, foliis ovatis, basi barbatis.. Asclepias nigra.* Lin. Syst. nat. édit. Gmel. gen. 306, sp. 7. — *Asclepiade noire.* Lamarck et Thouin. *Encyclop. méthod.*, esp. 15. — Dumont-Courset, esp. 14.

bleuâtres. On la trouve en France dans les bois des collines escarpées.

L'ASCLÉPIADE ARBORESCENTE (1). Cet arbrisseau peu élevé croît naturellement au cap de Bonne-Espérance, et ne peut subsister dans nos climats qu'à la faveur des serres chaudes. Ses feuilles ovales, épaisses, lisses, terminées par une très-petite pointe et un peu roulées sur leurs bords, sont remarquables par les veines transparentes dont elles sont sillonnées. Les fleurs sont blanches et en ombelles latérales, c'est-à-dire insérées sur les côtés de la tige.

L'ASCLÉPIADE A FEUILLES DE SAULE (2). C'est

(1) *Apocynum frutescens, latis et undulatis foliis; floribus umbellatis, fructu gemino sulcato, spinoso.* Burm. Afric. 31, t. XIII. — *Asclepias foliis ovatis, caule fruticoso subvilloso..... Asclepias arborescens.* Lin. Syst. nat. édit. Gmel. gen. 306, sp. 29. — *Asclépiade arborescente.* Lamarck et Thouin. Encyclop. méthod. esp. 16. — Dumont-Courset, esp. 15.

(2) Ouate d'Afrique. *Apocynum erectum africanum, villoso fructu, salicis folio.* Herm. parad. 23, t. XXIV. — *Asclepias foliis lineari-lanceolatis, caule fruticoso..... Asclepias fruticosa.* Lin. Syst. nat. édit. Gmel. gen. 306, sp. 30. — *Asclépiade à feuilles de saule.* Lamarck et Thouin. Encyclop. méthod. esp. 17. — Dumont-Courset, esp. 16.

6.

encore une plante d'Afrique, de même que la précédente ; mais celle-ci est bisannuelle et n'exige pas la serre chaude. L'orangerie suffit pour la conserver pendant l'hiver, ce qui annonce la nécessité de la semer d'abord sur couche et sous châssis, et de la transplanter ensuite dans des pots que l'on place au soleil pendant l'été, et que l'on rentre à l'approche des froids. Ses tiges, qui s'élèvent à sept ou huit pieds, sont garnies de feuilles longues, étroites, souvent roulées sur leurs bords, et de la forme des feuilles du saule. Cette asclépiade donne, la seconde année, de jolis bouquets de fleurs blanches, disposées en ombelles qui sortent de l'aisselle des feuilles supérieures, et elle en est couverte depuis le mois de juin jusqu'à la fin d'octobre. Les fruits qui leur succèdent sont des espèces de vessies presqu'aussi grosses qu'un œuf, d'un vert pâle et hérissées de pointes molles et sétacées ; leur forme singulière contribue à augmenter l'effet agréable de la plante.

L'ASCLÉPIADE DE SIBÉRIE (1) est très-com-

____

(1) *Asclepias montana humilis, radice longius proserpente, linifoliis.* Amm. Ruth. pag. 8. — *Asclepias foliis lineari-lanceolatis, oppositis ternisque, caule decumbente..... Asclepias Sibirica.* Lin. Syst. nat.

gène dans cette contrée de l'Asie septentrionale, et elle se trouve aussi à des latitudes
beaucoup moins élevées; on la voit, rarement
à la vérité, sur les montagnes des Vôges. C'est
une des plantes indigènes des landes sablon-
neuses de la Sibérie; M. Pallas a remarqué
que les moutons qui errent dans ces sables
mouvans, la respectaient et n'y touchaient
jamais (1). Les Anglais de l'ambassade de lord
Macartney à la Chine, ont vu cette asclépiade
dans la province de Pé-ché-lée (2).

L'asclépiade de Sibérie est vivace ; ses tiges
sont menues et penchées, ses feuilles semblables à celles du lin, et ses fleurs verdâtres,
petites, de peu d'apparence et faiblement odorantes. Cette espèce ne vaut guère la peine
d'être cultivée, si ce n'est dans les collections
des jardins botaniques. Au reste, le moyen de
la faire réussir, c'est de lui donner le terrain
que la nature elle-même lui destine, c'est-à-

édit. Gmel. gen. 306, sp. 31. — *Asclépiade de Syrie.*
Lamarck et Thouin. Encyclop. méthod. esp. — 18.
Dumont-Courset, esp. 17.

(1) Voyages en différentes provinces de l'empire de
Russie et dans l'Asie septentrionale, tom. IV, *in-4°*, de
la traduction française, pag. 376.

(2) Voyage dans l'intérieur de la Chine, tom. II de
la traduction française, page 393.

dire un sol sablonneux, léger, sans humidité.
Il est nécessaire de la garantir des froids humides de nos climats. Les fleurs ne paraissent
que trois ans après le semis.

L'ASCLÉPIADE VERTICILLÉE (1). Ce sont les
feuilles de cette plante qui sont verticillées, ce
qui, dans la langue des botanistes, veut dire
qu'elles sont arrangées circulairement comme
un anneau, autour des branches ou de la tige.
Ces mêmes feuilles sont très-étroites et assez
semblables à celles de la linaire. Les fleurs,
disposées en ombelles à l'extrémité des tiges,
n'ont aucun agrément; elles sont blanches et
très-petites. Cette espèce vivace est naturelle à
la Virginie. Si on veut la cultiver, on suivra
la même méthode que pour l'espèce précédente.

L'ASCLÉPIADE A FEUILLES DE LINAIRE (2). La

(1) *Apocynum marianum erectum, linariæ angustissimis foliis, umbellatum.* Pluk. *Mantis.* 17, tom.
CCCXXXVI, f. 4. — *Asclepias foliis linearibus
verticillatis, caule erecto..... Asclepias verticillata.* Lin. Syst. nat. édit. Gmel. gen. 306, sp. 33. —
Asclépiade verticillée. Lamarck et Thouin. Encyclop.
méthod. esp. 19. — Dumont-Courset, esp. 17.

(2) *Asclepias foliis sparsis, subulato-canaliculatis,
umbellis lateralibus multifloris.* Cavan. Icon. n° 63,
t. LVII.

dénomination de cette espèce annonce ses rapports avec l'espèce précédente, puisque ses feuilles ont la même forme: Ce trait de conformité
n'est pas le seul qui rapproche l'asclépiade à
feuilles de linaire, de l'asclépiade verticillée,
car cette dernière n'offre guère d'autres dis-
semblances que ses feuilles toujours verticillées
et ses ombelles droites, plus nombreuses et
beaucoup plus petites.

M. Desfontaines a donné la description de
cette nouvelle espèce d'asclépiade, dans les
Annales du muséum d'histoire naturelle (1).
« On ignore, dit ce savant professeur, de
» quel pays cette jolie espèce d'asclépiade est
» originaire. Nous la devons, ainsi qu'un
» grand nombre de plantes rares, à M. l'abbé
» Cavanilles, qui en envoya des graines à
» M. Thouin l'année dernière (1801). Elle a
» fleuri pour la première fois au commence-
» ment de l'automne.

» Sa racine pousse plusieurs tiges herba-
» cées, droites, cylindriques, effilées, sim-
» ples ou peu rameuses, pubescentes (2) vers
» le sommet, hautes de quatre à cinq déci-

(1) Année 1802, pag. 277.
(2) Chargées d'un duvet fin et peu serré.

» mètres. Feuilles glabres (1), nombreuses,
» éparses et souvent verticillées, vertes, li-
» néaires (2), aiguës, horizontales, larges de
» deux millimètres sur quatre à six centimè-
» tres de longueur, partagées par un sillon
» longitudinal, portées sur un pétiole très-
» court appliqué contre la tige. Fleurs blan-
» ches, de la grandeur de celle de l'*asclépias
» nivea* Lin. (3). Deux ou trois ombelles con-
» vexes, denses, un peu penchés à l'ex-
» trémité supérieure de la tige. Pédoncules
» plus courts que les feuilles. Involucre (4)
» composé de plusieurs folioles en alène. Pé-
» dicelles (5) filiformes (6). Calice à cinq di-
» visions étroites, aiguës, vertes. Corolle à
» cinq divisions profondes, abaissées, ovales,
» pointues. Cinq cornets blancs, taillés en
» bec de flûte, renfermant un petit appendice
» en forme de massue. Les autres parties de
» la fructification n'offrent rien de particu-

(1) Sans poils.
(2) Longues, étroites et terminées en pointe.
(3) L'asclépiade à feuilles d'amandier.
(4) Ou collerette, réunion, enveloppe de certaines
fleurs ; elle est propre aux ombellifères.
(5) La même chose que *pédicule*, vulgairement la
queue de la fleur.
(6) Aussi menus et alongés qu'un fil.

lier. Le fruit est inconnu. La plante est vivace.

L'ASCLÉPIADE GRAMINÉE (1) est une plante de l'Inde, dont la connaissance est due à M. Sonnerat. Une tige menue, haute d'un peu plus d'un pied, des feuilles très-étroites, d'un vert clair et presque toujours roulées sur leurs bords, des fleurs assez grandes, terminales et blanches, avec les cornets surmontés d'une pointe droite et haute de près de deux lignes, distinguent cette espèce, qui n'a pas encore été cultivée en France.

L'ASCLÉPIADE DU MEXIQUE (2). Plante vivace dont M. Cavanilles a envoyé les semences à

(1) *Asclepias foliis linearibus gramineis, oppositis; caule ramoso; umbellis terminalibus; corniculis erectis, mucronatis*..... *Asclepias graminea.* Lamarck, Diction. de Botanique dans l'Encyclopéd. méthod. esp. 20. — *Asclépiade graminée.* Thouin. *Ibid.* Diction. d'Agriculture, esp. 20.

(2) *Asclepias caule erecto, herbaceo; foliis angusto-lanceolatis, inferis buinis aut senis; superis ternis, quandoque binis; capsulis sulcatis.* Desfontaines, Plantes rares qui ont fleuri, en l'an X, dans le jardin ou dans les serres du Muséum; *Annales du Muséum d'Histoire naturelle*, année 1803, pag. 278. — *Asclepias foliis verticillatis senis, lanceolatis; floribus umbellatis.* Cavan. Icon., n° 64, t. LVIII.

M. Thouin. Elle a porté des fleurs et des fruits au Jardin des Plantes, où elle a été décrite par M. Desfontaines.

Du collet de la racine sortent plusieurs tiges droites, cylindriques, de la grosseur d'une plume à écrire, hautes de cinq à huit décimètres, simples ou peu rameuses, garnies d'un duvet court, disposé en lignes distinctes qui alternent d'un nœud à l'autre. Les feuilles sont glabres, lancéolées, très-entières, aiguës, à bords un peu repliés en dessous, portées sur un pétiole court, longues de deux à dix centimètres sur quatre à dix millimètres de largeur; les inférieures et les moyennes plus petites, verticillées six à six ou cinq à cinq, les supérieures trois à trois, et quelquefois opposées. Pédoncules pubescens, longs de deux à trois centimètres, souvent ternés, et placés dans l'intervalle qui sépare les feuilles. Ombelle hémisphérique. Involucre composé de folioles en alène, un peu abaissés. Fleurs de la grandeur de celles de l'asclépiade à feuilles d'amandier (*asclepias nivea* Lin.). Calice vert, cilié (1), à cinq divisions concaves et étroites. Corolle à cinq divisions profondes, abaissées,

(1) Bordé de poils arrangés comme les cils des paupières.

ovales, alongées, d'abord d'un violet pâle;
ensuite blanche. Cinq petits cornets blancs ou
nuancés de violet, taillés en bec de flûte, munis intérieurement d'un appendice filiforme,
arqué et aigu. Les autres organes de la fructification ressemblent à ceux de la plupart des
asclépiades. Deux capsules folliculeuses (1),
alongées, sillonnées, terminées par une pointe
mousse, s'ouvrant longitudinalement d'un seul
côté, et renfermant plusieurs graines arrondies, plates, imbriquées, bordées d'une mem-
brane, couronnées d'une aigrette soyeuse et
attachées à un placenta alongé, aigu et sil-
lonné dans sa longueur. Cette plante demande
l'abri de l'orangerie pendant l'hiver (2).

Les espèces d'asclépiades dont je viens de
faire mention ont été observées et décrites par
des botanistes, et l'on ne peut douter qu'elles
ne soient bien réellement de ce genre. Mais il
est d'autres plantes auxquelles des auteurs ont
appliqué le nom d'*asclépiades*, et dont les
descriptions trop incomplètes ne permettent
pas d'assurer que cette dénomination leur con-

(1) En coque à une seule loge et s'ouvrant par l'un
des côtés.

(2) *Annales du Muséum d'Histoire naturelle*, endroit cité.

vienne exactement; il en est même quelques-
unes qui la portent mal à propos, et qui appartiennent à des genres voisins, mais distincts
du genre des asclépiades. Je ne parlerai pas
de ces dernières plantes, et je me contenterai
d'indiquer les autres, toutes étrangères à notre
sol et encore peu connues.

L'ASCLÉPIADE EXPECTORANTE (1). On la regarde à l'île de Ceylan, sa patrie, comme un
excellent remède pour faciliter l'expectora-
tion et soulager les phthisiques; on l'admi-
nistre en sirop ou en décoction. Ses feuilles
opposées ressemblent assez aux feuilles du
laurier. Les fleurs sont petites et en ombelles
axillaires; leur couleur n'a point été désignée.

L'ASCLÉPIADE CHARNUE (2) croît à la Chine,

(1) *Asclepias Zeylanica, vincetoxici radice pres-
tantiore.* Burm. *Zeyl*, 36.—*Asclepias caule fruticoso
volubili hirsuto, foliis petiolatis, cordato-ovatis, suprà glabris, integerrimis, umbellis paucifloris.* Lin.
Syst. nat. édit. Gmel. gen. 306, sp. 2. — *Asclépiade
expectorante.* Lamarck et Thouin. Encyclopéd. méthod., esp. 124.

(2) *Asclepias foliis ovatis carnosis glaberrimis....
Asclepias carnosa.* Lin. Syst. nat. édit. Gmel. gen.
306, sp. 38.—*Asclépiade charnue.* Lamarck et Thouin.
Encyclopéd. méthod., esp. 25.

suivant Linnœus, qui n'en a vu que deux
feuilles et un bouquet de fleurs, apportés par
des Chinois; ils les donnaient pour avoir appar-
tenu à la plante d'où découle la gomme-gutte.
Mais il paroît que cette asclépiade est plutôt naturelle aux contrées septentrionales de l'Amérique, puisque Bartram, voyageur anglais, l'a
observée dans les plaines stériles des Apala-
ches (1). Feuilles ovales, charnues et très-lisses.
Fleurs en ombelle et à corolle profondément
divisée.

L'ASCLÉPIADE GRIMPANTE (2). Ses rameaux
s'entortillent comme le liseron. Feuilles opposées, ovales et veinées. Fleurs verdâtres. De
la Chine.

L'ASCLÉPIADE A GRANDES FLEURS (3) vient

(1) Voyage dans les parties sud de l'Amérique septentrionale, etc.; par Williams Bartram, traduct.
franç., tom. I, pag. 414. Ce voyageur dit que l'asclépiade charnue est une plante très-belle et très-singulière.

(2) *Asclepias caule arboreo volubili, foliis ovatis
integerrimis acuminatis, umbellis erectis.........
Asclepias volubilis.* Lin. Syst. nat. édit. Gmel.
gen. 306, sp. 3. — *Asclépiade grimpante.* Lamarck
et Thouin. Encyclop. méthod., sp. 26.

(3) *Asclepias foliis petiolatis oblongis pilosis, caule
simplici hirto erecto, floribus axillaribus peduncula-*

dans les terres arides du cap de Bonne-Espérance. Fleur très-grande et tachetée par petits carreaux ; point d'ombelle. Feuilles oblongues.

L'ASCLÉPIADE TORTILLÉE (1). Le naturaliste danois, Forskal, a trouvé cette espèce entre Djalie et Memira, villages de l'Arabie-Heureuse ; ses fleurs étaient épanouies à la mi-février. Les Arabes donnent à cette plante le nom de *sahuntob*; et ses semences, qui sont douces, passent parmi eux pour un remède efficace contre les coliques. Ils mangent aussi le fruit (2). Arbrisseau non laiteux. Feuilles opposées, petites et ovales. Fleurs axillaires, d'un vert jaunâtre, et se tortillant en spirale du côté du soleil.

L'ASCLÉPIADE SANS FEUILLES (3) a été ob-

tis..... *Asclepias grandiflora*. Lin. Syst. nat. édit. Gmel. gen. 306, sp. 37.—*Asclépiade à grandes fleurs*. Lamarck et Thouin. Encyclop. méthod., esp. 27.

(1) *Asclepias caule fruticoso ; foliis petiolatis, ovali-oblongis ; floribus solitariis, axillaribus ; petalis linearibus, spiralibus, introrsum hirsutis........ Asclepias spiralis*. Forskal, *flora ægyptiaco-arabica*, sp. 66, pag. 49. — Lin. Syst. nat. édit. Gmel. gen. 306, sp. 18. — *Asclépiade tortillée*. Lamarck et Thouin. Encyclop. méthod., esp. 28.

(2) Forskal, *loco citato*.

(3) En arabe, *Milœb*.

Asclepias caule aphyllo, volubili, racemis conju-

servée par Forskal, dans les bois qui avoisi-
nent le mont Melhan, en Arabie. Les bœufs
s'en nourrissent. Tiges vertes, charnues et
grimpantes. Fleurs blanches en bouquets.

L'ASCLÉPIADE STIPITACÉE (1) croît en Arabie comme les précédentes. Forskal l'a vue
dans les bois où les bergers et les enfans vont
la chercher pour en manger les sommités crues,
ce qui fait croire que cette plante n'a aucune
âcreté, quoique toutes ses parties contiennent
un suc laiteux. Arbrisseau droit et dépourvu
de feuilles. Tiges d'un bleu obscur, couvertes
d'une poussière fine et blanchâtre, qui n'est
pas adhérente. Fleurs verdâtres ou blan-
châtres (2).

gatis, globosis.... *Asclepias aphylla*. Forskal, *flora
ægyptiaco-arabica*, sp. 68, pag. 5o. — *Asclepias caule
volubili, corymbis conjugatis globosis*. Lin. Syst. nat.
gen. 3o6, sp. 49.—*Asclépiade sans feuilles*. Lamarck
et Thouin. Encyclop. méthod., esp. 29.

(1) En arabe, *rideh*.

*Asclepias caulibus fruticosis, articulatis, aphyllis,
diffusis, umbellis ramulorum terminalibus..... asclepias stipitacea*. Forskal, *flora ægyptiaco-arabica*,
sp. 69, pag. 6. — Lin. Syst. nat. édit. Gmel. gen.
3o6, sp. 6. *Asclépiade stipitacée*. Lamarck et Thouin.
Encyclop. méthod., esp. 3o.

(2) Extrait de la Description de Forskal, *loco citata*.

L'ASCLÉPIADE SOYEUSE (1). Cette espèce que les Arabes appellent *sabia* et *dhraba*, porte des feuilles opposées et linéaires, des fleurs vertes en ombelle et des fruits enflés et remplis de soie (2).

L'ASCLÉPIADE DOEMIA (3). *Doemia* est le nom que cette asclépiade porte dans quelques cantons de l'Arabie; dans d'autres on l'appelle *dhraba*. Forskal, qui en a donné une description peu complète, doute lui-même que ce soit une espèce différente de l'asclépiade soyeuse (4), ce qui dispense d'entrer dans de plus longs détails à son sujet.

L'ASCLÉPIADE AUX FLEURS LAINEUSES (5)

(1) *Asclepias foliis margine revolutis*...... *Asclepias setosa*. Forskal, *flora ægiptiaco-arabica*, sp. 70, pag. 51. — *Asclepias foliis linearibus oppositis, caule erecto, umbellis lateralibus terminalibusque*....... *Asclepias setosa*. Lin. Syst. nat. édit. Gmel. gen. 306, sp. 32.

(2) Forskal, *loco suprá citato*.

(3) *Asclepias dæmia*. Forskal, *flora ægyptio-arabica*, sp. 71, pag. 51. — *Asclepias caule volubili, foliis cordato-acutis*..... *Asclepias dæmia*. Lin. Syst. nat. Gmel. gen. 306, sp. 5.

(4) *Loco citato*.

(5) En arabe *kanahh*.

Asclepias foliis lineari-lanceolatis..... *Asclepias*

contient une grande quantité de suc laiteux que les Arabes mêlent avec du beurre, pour faire un onguent contre la gale. Feuilles opposées et luisantes. Fleurs laineuses en ombelles axillaires. Fruits rayés et ridés (1).

L'ASCLÉPIADE GLABRE (2), indiquée plutôt que décrite par Forskal, ne paraît pas différer de l'*asclépiade dœmia* du même auteur. On la trouve dans les terres sèches et argileuses de l'Arabie.

Le même auteur a décrit deux autres plantes, qu'il a regardées comme des espèces d'asclépiades (3); mais elles appartiennent à d'autres genres. Il en est de même de quelques autres

laniflora. Forskal , *flora œgyptiaco-arabica* , sp. 72 , pag. 51. — *Asclepias foliis lineari-lanceolatis , pedunculis axillaribus apice umbellatis*..... *Asclepias laniflora.* Lin. Syst. nat. gen. 306, sp. 24.

(1) Extrait de la description faite par Forskal, *loco suprà citato.*

(2) *Asclepias caule scandente; foliis ovato-acuminatis, oppositis, planis, glaberrimis , umbellis interfoliaceis , albis*..... *Asclepias glabra.* Forskal, *flora œgyptiaco-arabica* , sp. 74 , pag. 31. — Lin. Syst. nat. édit. Gmel. gen. 306, sp. 8.

(3) *Asclepias cordata* et *asclepias radians.* Forskal, *flora œgyptiaco-arabica* , sp. 65 et 67 , pag. 49.

plantes, présentées mal à propos par différens auteurs pour des asclépiades.

Dans cette longue liste d'espèces d'un genre nombreux, il n'en est guère que deux ou trois qui offrent assez d'importance pour engager à les soumettre à la culture. Quelques autres méritent d'avoir place parmi les plantes d'ornement; d'autres enfin n'ont ni agrément ni utilité. Mais une espèce précieuse par les ressources de différente nature, qu'elle peut fournir à l'économie et aux manufactures, c'est celle qui est connue sous la dénomination d'ASCLÉPIADE DE SYRIE (1).

(1) Vulgairement *apocin à ouate*, ou, comme disent les jardiniers et ceux qui ne parlent pas mieux que les jardiniers, *apocin à la houette*; *apocin soyeux*, *soyeuse*, *ouate*, *ouatier*, *ouate de Syrie*. En allemand, *syrische seidenfrucht*, *seidenpflanze*, *seidenstaude*, *syrische hundskohl*, *hundswurger*. En hollandais, *syrische zydevrugt*, *syrisch hondsdood*. En danois, *vaturt*. En anglais, *syrian swallow wort*. En espagnol, *hierba de la seda*.

Apocynum erectum, *latifolium*, *incanum*, *syriacum*, *floribus parvis obsoletè purpurascentibus*. Tournef. 91. — *Asclepias caule simplicissimo*, *foliis ovalibus subtus tomentosis*, *umbellis nutantibus*...... *Asclepias syriaca*. Lin. Syst. nat. édit. Gmel. gen. 306, sp. 16. — *Asclépiade de Syrie*. Lamarck. Ency-

Les racines de cette plante sont blanches, comme articulées, très-laiteuses, remplies de chevelu et traçantes ; elles s'étendent à plusieurs pieds de distance de la tige qui est simple ; les feuilles sont fort épaisses, opposées, larges, velues, blanches en dessous et d'un vert cendré en dessus. Les fleurs, en ombelles penchées, sortent sur les côtés du sommet de la tige ; leur couleur est purpurine, et leur odeur est agréable ; de très-grosses gousses ovales leur succèdent ; elles sont remplies de semences aplaties, dont les aigrettes donnent un duvet long et soyeux.

La Planche I représente l'asclépiade de Syrie dans son ensemble. Toutes ses parties se voient séparément dans la seconde planche.

Explication de la Planche II.

La corolle est ordinairement penchée et presque toujours réfléchie (figures 1 et 4, lettres *a*) ; elle montre cinq nectaires (1)

clop. méthod. Dictionn. de Botanique, sp. 5.—Thouin. *Ibid.* Dictionn. d'Agriculture, esp. 5.—*Asclépiade de Syrie. Herbe à la ouatte.* Dumont-Courset, Botaniste-Cultivateur, tome II, page 224, esp. 7.

(1) Partie d'une fleur qui contient communément une liqueur sucrée.

creusés, avec de petites cornes (*b* , fig. 1); afin d'en donner une idée plus exacte, je les ai fait dessiner à part (fig. 2 et 3). Les anthères (1) sont très-courtes (*d* , fig. 2) et rapprochées par un corpuscule conique et tronqué. Les ovaires sont bifides (2) et munis de styles très-courts (*e* et *f*, fig. 4), lesquels sont représentés à part (fig. 5 et 6) sans style, et (fig. 7) avec leur style. Le fruit est une follicule gonflée (fig. 8), laquelle étant ouverte dans toute sa longueur (fig. 9), on aperçoit les semences rangées comme des tuiles sur un réceptacle. Le fruit vert (fig. 8), mûr et sec (fig. 10). Semences aigrettées et aplaties (fig. 11 et 12). Semence sans aigrette et couverte d'un involucre (fig. 13).

Je publiai, en 1808, quelques observations au sujet de l'asclépiade de Syrie (3). Ce petit

(1) L'anthère est la partie de l'étamine, soutenue par le filet ou support; on l'appelle aussi *sommet*.

(2) L'ovaire est la partie inférieure du pistil, dans laquelle les semences sont contenues; c'est le germe. *Bifide*, c'est-à-dire fendu profondément en deux.

(3) *Bibliothèque Physico-Economique*, 6ᵉ année de souscription, tome I, page 144. *Nota.* On souscrit pour ce Recueil, qui paroît chaque mois, moyennant 10 francs par an, chez Arthus-Bertrand, libraire, rue Hautefeuille, n° 23.

travail produisit deux sensations opposées. Les vrais amis de l'agriculture et de l'économie publique et particulière parurent m'en savoir gré, et je reçus, de plusieurs, des témoignages flatteurs de satisfaction ; tandis que quelques hommes qui n'ont jamais cultivé la terre qu'en songe, s'érigeant néanmoins en dictateurs dans le domaine de l'agriculture, qu'ils n'ont jamais visité, et sur lequel ils prétendent régner en despotes, faisant flotter au-dessus de leur tête la bannière de l'ambition exclusive, où se lit en caractères gigantesques leur devise favorite :

Nul n'aura de l'esprit, hors nous et nos amis ;

irrités de ce qu'un cultivateur osât parler de culture sans en avoir humblement sollicité et obtenu la permission, ont crié au *scandale*, à l'*ignorance*, au *charlatanisme !* Ces aimables apostrophes ne m'effrayèrent jamais, mon ame n'en est pas même effleurée, et c'est du meilleur cœur du monde que je me permets d'en rire avec tous les bons esprits.

Bien convaincu de la grande utilité que l'économie et les fabriques peuvent retirer de l'asclépiade de Syrie, je me suis occupé, depuis la publication de mon premier Mémoire, à faire de nouvelles recherches. J'avais dit que cette plante était cultivée avec succès et en grand dans la Silésie, et j'avais cité quelques passages d'un ouvrage de M. Schnieber, que je ne connaissais que par de courts extraits insérés dans les journaux d'agriculture. J'ai fait venir le livre de ce propriétaire silésien (1); j'ai rassemblé d'autres matériaux épars, et je me trouve en état aujourd'hui de présenter le résultat satisfaisant d'une foule d'observations et de témoignages assez imposans; et l'on conviendra du moins que je partage avec assez bonne compagnie les douceurs que certaines gens m'adressent, par dépit de ce que je fais mieux qu'eux, quoiqu'avec moins d'ostentation et de bruit.

L'espèce d'asclépiade dont il est question, est originaire, ainsi que l'indique sa dénomination, de la Syrie; elle croît aussi dans la Palestine et en Egypte, où elle porte le nom

____

(1) Voici le titre de l'ouvrage allemand de M. Schnieber, *Darstellung der hœchst wichtigen Vortheile*, etc., c'est-à-dire, Exposé des Avantages que promettent à l'Etat, ainsi qu'aux particuliers, l'emploi de la *plante à soie de Syrie*, d'après la propre expérience de l'auteur; par M. Schnieber, directeur du Conseil municipal de la ville de Leignitz en Silésie.

(103)

de *beidelssar*. Je remarquerai , en passant , que cette plante ne doit pas être confondue avec une autre plante du même genre, appelée en Égypte *beid-el-ossar*, et décrite par Prosper Alpin (1). Des botanistes ont retrouvé cette asclépiade en Virginie et dans d'autres États-Unis de l'Amérique septentrionale.

Quoique naturelle aux climats très-chauds, l'asclépiade de Syrie est assez robuste pour ne pas craindre de passer les hivers de nos pays en pleine terre. Je l'avais naturalisée , dès 1790, dans mes jardins à Manoncour, près de Nancy, et feu M. Willemet, botaniste très-habile, que la mort a enlevé récemment aux sciences et à mon amitié, l'avait également acclimatée dans le beau jardin de botanique à Nancy. N'ayant d'abord à ma disposition qu'une petite quantité de graines, je suivis le conseil de M. Thouin, qui recommande, dans ce cas, de semer les graines dans des caisses ou dans des terrines, afin d'en obtenir le plus grand nombre de plants possible (2); mais je me dispensai de placer les vases dans une couche tiède, et d'employer quelques autres pré-

(1) De plant. ægypt.

(2) Dictionnaire d'Agriculture, dans l'Enclopédie méthodique.

éautions recommandées par M. Thouin, et trop minutieuses pour être mises en pratique dans une grande culture. Le premier semis partiel eut lieu le 3 avril, dans une caisse remplie d'un mélange de terre franche et de terreau. Les graines furent placées à quatre pouces de distance l'une de l'autre, et recouvertes par environ six lignes du même mélange, dont je pressai légèrement la surface sur laquelle je mis de la mousse. Les semences commencèrent à lever le 29 du même mois d'avril, et les jeunes plants avaient environ deux pieds de hauteur, lorsque je crus devoir rentrer la caisse pour les mettre à l'abri des gelées. Les tiges se desséchèrent et tombèrent pendant la mauvaise saison ; il ne paraissait plus rien des plantes, et je les jugeai absolument perdues ; mais en faisant transporter, au printemps, la caisse au grand air, je m'aperçus que les racines s'étaient fait un passage entre les planches, et qu'elles étaient très - saillantes au dehors. Peu de temps après, les jeunes pousses se montrèrent hors de terre ; et dans leur transplantation, qui eut lieu le 3 mai, c'est-à-dire onze mois après le semis, j'observai que les racines fort alongées, portaient sur leur surface supérieure une quantité

de rejets placés à une distance égale et par
ordre de hauteur, suivant leur enfoncement
dans la terre. Tous ces rejets ont donné de nouvelles plantes.

« C'est au printemps, dit M. Thouin, que
» se font les repiquages de l'apocin à la houate
» (l'asclépiade de Syrie), quelque temps
» avant que les plantes ne commencent à
» pousser. Lorsque le terrain destiné à les re-
» cevoir a été bien ameubli par un labour,
» on le divise par des rayons tracés au cor-
» deau, à trois ou six pieds de distance en tout
» sens les uns des autres, suivant que l'on veut
» jouir plus ou moins promptement, que la
» terre est plus ou moins favorable à cette
» culture, ou que l'on a une plus ou moins
» grande quantité de plants. On les lève avec
» une fourche pour ménager davantage les
» racines, et on se sert pour les repiquer d'un
» fort plantoir ferré par le bout. Lorsque l'o-
» pération se fait en grand, elle exige trois
» personnes, un homme fort et vigoureux
» pour faire les trous, un enfant pour placer
» les plants dans chacun de ces trous ; enfin,
» une troisième personne pour les planter et
» affermir la terre autour des racines. Une
» plantation à trois pieds de distance se gar-

» nit dans l'espace de deux ans ; mais celle
» qui est à six pieds met ordinairement cinq
» ans à couvrir entièrement la terre (1). »

En Silésie, où les froids sont plus âpres que
dans le climat de Paris, voici le mode de semis
qui a été adopté. On sème, au commencement
du printemps, dans un terrain meuble et un peu
sablonneux ; on y creuse profondément de
petits trous, ou l'on y trace de petits sillons
d'environ un pouce de profondeur, dans lesquels on met les semences point trop serrées.
Au bout de huit, ou tout au plus de quatorze
jours, les graines germent. On sarcle les jeunes
plants et on leur donne les soins convenables.
A l'approche de l'hiver, lorsque les tiges et
les feuilles se dessèchent, on couvre les plantes
d'une terre légère, que l'on remue avec précaution au printemps suivant. La seconde année, les plantes s'élèvent à deux pieds et à
deux pieds et demi ; mais leurs racines sont
encore trop délicates pour que l'on puisse les
transplanter avec fruit ; et à l'entrée de l'hiver,
on les garantit des gelées, de la même manière qu'à la première année. Ce n'est qu'au
printemps suivant, c'est-à-dire à la troisième

(1) Dictionnaire cité.

année, que cette transplantation peut avoir
lieu. Cette opération se fait avec la plus grande
sûreté au mois d'avril. A raison des nouvelles
tiges et des nouvelles racines qui poussent de
chaque plante, il est nécessaire de laisser entre
chacune un intervalle de deux pieds , en sorte
que chaque plante exige un espace de quatre
pieds carrés. On choisit un terrain meuble et
qui a été bien travaillé à l'automne, et l'on
place les racines par rangées , mais jamais à
plus de quatre ou cinq pouces de profondeur.
C'est dans cette position que les plantes se for-
tifient, poussent des tiges très-élevées , et portent, pour la plupart, des fleurs et des fruits ;
tandis qu'en négligeant les précautions indi-
quées , on court le risque de voir les plantes
encore tendres se pourrir et périr en peu de
temps. Cependant la récolte ne sera pas encore très - considérable dans la troisième
année (1).

Il est facile de juger que la propagation de
l'asclépiade de Syrie par les semences est embarrassante , et que son produit se fait long-
temps attendre. Aussi ne doit-on l'employer
que quand on veut commencer ce genre de

(1) Schnieber, ouvrage cité.

culture, et que l'on n'a point, à sa portée, de plantation d'où l'on puisse tirer des drageons. Mon expérience m'a appris que les semis réussissent très-bien, en les faisant au mois de mars, de la manière que j'ai indiquée plus haut, et qui m'a parfaitement réussi. Soit que l'on emploie des caisses ou des terrines, soit que, plus tard, on sème sur des planches de terre bien divisée, le semis doit être clair, de sorte qu'il y ait à peu près trois ou quatre pouces de distance entre les graines. Si l'on veut hâter leur germination, ce qui est quelquefois dangereux dans les printemps froids, on placera les semences sur une couche tiède. On arrose convenablement jusqu'à ce qu'elles commencent à lever ; alors on diminue les arrosemens. On repique les jeunes plants au printemps suivant, dans un terrain ameubli par un labour profond à la charrue ou à la bêche. Cette transplantation n'a rien de particulier ; il ne faut pas trop rapprocher les plants ; le mieux est de laisser entr'eux un espace de quatre pieds carrés. Si le semis s'est fait en pleine terre, il est bon de le couvrir de paille, ou de feuilles sèches, ou de terre, comme en Silésie, pendant les fortes gelées.

Lorsqu'on le peut, c'est par drageons, c'est-à-dire par les jeunes pousses produites par les racines, qu'il convient le mieux de multiplier l'asclépiade de Syrie ; c'est la méthode la plus expéditive et la moins embarrassante. On coupe ces drageons avec un couteau bien tranchant, et l'on en fait des morceaux de six à sept pouces, qui servent à produire de nouvelles plantes. Les saisons les plus favorables à cette opération sont, l'automne, quand le suc laiteux, répandu dans toutes les parties de la plante est séché, et le printemps avant que ce suc recommence à couler dans les canaux intérieurs de la plante.

Des portions de racines servent aussi bien que les drageons à la propagation de l'asclépiade de Syrie. Il suffit de les prendre autour des vieux pieds et de les remettre en place sur-le-champ. Cette sorte de transplantation peut se faire en tout temps, lorsque les tiges sont mortes, ou au printemps, avant que les racines commencent à pousser.

Loin d'être nuisible à l'accroissement de la plante, le retranchement des drageons et des racines secondaires est une opération salutaire qui arrête l'affaiblissement de la tige-mère, et augmente la quantité et la qualité du duvet soyeux des gousses ; il est donc utile de le faire quand bien même on n'aurait pas le projet d'augmenter l'étendue des plantations. Dans ce cas, il suffit de couper ces rejetons à quelques pouces au-dessus de la superficie de la terre, et de mettre sur la plaie du sable fin ou de la terre sèche. Quel que soit le but que l'on se propose par le retranchement des drageons ou des portions de racines, on doit les couper et éviter de les déchirer.

Du reste, on procède de la même manière que pour toutes les plantes que l'on propage par drageons. Si l'on choisit, en automne, un temps convenable et surtout bien sec, les rejetons pousseront, au mois de mai, des tiges qui donneront, dès la première année, une récolte abondante, et cette récolte augmentera considérablement dans les années suivantes. M. Schnieber a obtenu d'une seule plante, à laquelle il n'avait laissé que six à huit tiges, de quatre-vingts à quatre-vingt-dix gousses, grosses et parfaitement mûres (1).

Toute espèce de terrain est propre à la culture de l'asclépiade de Syrie ; mais cette plante est d'un plus grand rapport sur un sol mé-

(1) Ouvrage cité.

diobre et même mauvais, que dans une terre
de bonne qualité et substantielle, où l'asclépiade ne croît, pour ainsi dire, qu'en tiges et
en feuilles; on l'y voit s'élever jusqu'à sept à
huit pieds, se couvrir de fleurs, mais n'y donner que très-peu de fruits. Elle est plus pro-
ductive dans un terrain léger et sablonneux;
sa tige y est moins haute, ses fleurs y sont
moins nombreuses, mais ses fruits y sont plus
multipliés. Ses produits sont plus considérables
et plus beaux; si on la place à une bonne exposition et dans une terre meuble et chaude;
trop d'humidité ferait pourrir ses racines.

Il n'est guère de plantes dont la culture
n'exige plus de peines et de soins. Lorsque
les plantations sont dans toute leur vigueur,
on pourrait les abandonner à elles-mêmes;
aucune herbe inutile ou nuisible ne se mon-
trera dans l'espace dont l'asclépiade se sera
emparée. Jusqu'à cette époque, quelques sarclages et quelques binages suffiront, et lorsqu'on lui donnera ces légères façons, on doit
prendre garde d'endommager les racines qui
tracent, rampent à fleur de terre, et s'étendent tellement que l'on a beaucoup de peine
à contenir la plante dans les limites qu'on lui a
marquées.

Les fleurs paraissent ordinairement dans
nos climats, à la fin de juin ou au commencement de juillet; elles subsistent et se succèdent pendant plus d'un mois, et l'effet agréable qu'elles produisent, aussi bien que le beau
port de la plante, ont fait ranger l'asclépiade
de Syrie au nombre des plantes qui sont des-
tinées à la décoration des jardins. Les grands
parterres et les bordures des massifs sont les
endroits où cette asclépiade se montre avec le
plus d'avantage.

Plusieurs fleurs se dessèchent successive-
ment; celles qui subsistent sont remplacées
par des fruits qui prennent la forme d'une
silique ou gousse renflée et longue de quatre
à cinq pouces (voyez la Planche II, fig. 8,
9 et 10). Vers la fin d'octobre, ces siliques
s'ouvrent comme celles du cotonnier, et lorsqu'elles sont bien mûres et bien sèches, les
aigrettes soyeuses des semences se compri-
ment et se resserrent; elles déplacent les semences par leur élasticité, et elles sont si légères que le vent les emporte et les disperse
dans les airs. Le cultivateur ne peut donc être
trop attentif à saisir le moment de recueillir les
gousses. Il préférera de les couper quand elles
ne sont encore que peu ouvertes, à les laisser

jusqu'à ce qu'elles soient parvenues à une entière maturité. Il choisira un temps chaud et
sec; il coupera les gousses à mesure qu'elles
commenceront à s'ouvrir, et il les étendra
dans un endroit sec et aéré, sur des filets;
celles qui n'étaient pas fort avancées, s'ouvrent d'elles-mêmes peu à peu, et à mesure
qu'elles se sèchent, le duvet soyeux qu'elles
renferment, parvient à sa maturité et acquiert
de l'élasticité. On les renferme alors dans de
grands sacs, et l'on sépare la soie des graines
et des gousses de la même manière que cela se
pratique pour le coton.

Après la récolte des gousses, les tiges re-
vêtues d'une écorce filamenteuse se dessèchent
peu à peu; et par l'influence de l'air, du soleil et
de l'humidité, elles se dépouillent de la matière
résineuse qu'elles contiennent. La nature contribue ainsi à épargner à l'homme une partie
de son travail. Au commencement de novem-
bre, on coupe les tiges à un ou deux pouces
au-dessus du sol, et on les amasse en gerbes,
en prenant la précaution de les appareiller suivant leur longueur et leur grosseur, pour les
divers usages dont je parlerai bientôt.

Si l'on ne se propose pas de tirer parti de
la soie produite par l'asclépiade de Syrie, et si

la récolte des tiges est le seul objet que l'on ait
en vue, on peut se dispenser de tout sarclage
ou binage, et abandonner la plante à elle-
même. Ses tiges se multiplieront considérablement, et fourniront d'amples récoltes. Mais
cette remarque n'est que pour les cultivateurs
paresseux ou détournés par des travaux plus
pressans ; car l'asclépiade, comme toutes les
autres plantes, dédommage par l'abondance
et la beauté de ses produits, des soins et des
attentions que l'on donne à sa culture. Il est
même certain que si l'on veut augmenter le
produit et la qualité des récoltes, l'on fera
bien de répandre du fumier tous les deux ou
trois ans, pendant l'hiver, sur la plantation,
sans l'enterrer. Au reste, la plante est tellement vivace, et elle se renouvelle d'elle-même
si abondamment et si rapidement, que ces sortes
de plantations sont d'une très-longue durée,
et n'ont peut-être jamais besoin d'être ra-
jeunies.

Avantages que présente la culture de l'as-clépiade de Syrie.

L'on a vu, par ce qui précède, que l'asclépiade de Syrie est d'une culture très-facile ;
qu'elle n'exige que peu ou même point de fa-

çons, qu'elle offre le moyen de mettre en grande valeur des terrains médiocres, même mauvais, et que, quoiqu'originaire des climats chauds, elle est devenue presqu'indigène dans notre Europe. Je dois ajouter que les récoltes qu'elle donne se font dans l'intervalle des récoltes ordinaires dans les campagnes, et ne dérangent point les cultivateurs de leurs travaux habituels. Il me reste à développer les avantages que l'on peut attendre de la culture de cette plante et des divers usages auxquels ses différentes parties peuvent être employées.

Je ne m'étendrai point au sujet des propriétés médicinales de l'asclépiade de Syrie, ce sont assurément ses moindres avantages. Presque toutes les plantes du même genre sont remplies d'une espèce de lait plus ou moins âcre, plus ou moins corrosif. Ce n'est que dans un très-petit nombre d'asclépiades que ce suc laiteux peut être pris à l'intérieur sans danger. Des médecins ont prescrit ce lait, d'autres en ont condamné l'usage (1); les premiers purgeaient avec l'infusion à froid et à petite dose, des graines, des racines et de l'écorce;

(1) Gleditsch, *Mémoires de l'Académie des Sciences de Berlin*, année 1761.

en augmentant la dose, ils la rendaient vomi-
tive. Les seconds ne permettaient l'usage du
suc de la plante qu'à l'extérieur et comme un
dépilatoire. Le plus sûr est de s'en passer; la
matière médicale est assez riche sans chercher
à y introduire des substances suspectes. La
seule propriété qui paraisse constatée, réside
dans les feuilles de l'asclépiade de Syrie; ap-
pliquées crues et pilées, ou cuites dans l'eau,
ces feuilles guérissent quelquefois les humeurs
froides. On peut néanmoins conjecturer que
l'asclépiade de Syrie n'a pas une qualité fort
caustique, puisque les Américains, au rapport
de Schœpf, mangent les jeunes pousses de
cette plante comme les asperges. Les Cana-
diens retirent, des fleurs, un sucre brun de
bonne qualité, et aussi utile qu'agréable aux
abeilles. Une propriété curieuse de ces mêmes
fleurs, dont la découverte récente est due au
docteur anglais Barton, c'est qu'elles attra-
pent les mouches qui s'y posent, attirées par
le suc mielleux qu'elles contiennent. Ce n'est
pas la viscosité de ce suc qui retient ces insectes, mais ils se trouvent arrêtés par de petites valvules, douées d'irritabilité. Plus de
soixante mouches furent prises de cette manière en un instant, sous les yeux du docteur

Barton, en sorte qu'indépendamment de la
beauté et de l'utilité de l'asclépiade de Syrie,
la multiplication de cette plante peut contri-
buer efficacement à la diminution d'une espèce
d'insectes incommodes.

On peut encore exprimer une huile très-
bonne des graines de cette plante.

Ce ne sont là que de faibles accessoires de
produits plus importans et vraiment précieux,
savoir, la matière douce et soyeuse des
gousses de l'asclépiade, et la filasse de ses
tiges.

La substance des houpes ou aigrettes qui
surmontent les semences, tient de la soie et du
coton, mais elle approche plus de l'une que
de l'autre. Sa finesse est extrême, et bien supérieure à celle du coton ; son éclat est d'un
brillant éblouissant, et sa longueur de plus
d'un pouce ; quoique beaucoup moins élasti-
que que le coton, cette matière n'est pas entièrement dépourvue d'élasticité, et elle de-
viendrait la rivale de la soie, s'il était possible de la filer, sans mélange, en fils aussi
égaux que solides. On doit juger combien une
pareille production, dont le prix serait mo-
dique, présente d'avantages pour l'économie
et les fabriques. Mais le meilleur moyen de

démontrer l'utilité de cette matière soyeuse ; c'est de rapporter des faits incontestables, toujours plus convaincans que tous les raisonnemens.

Je vais montrer d'abord les avantages qu'offre l'asclépiade de Syrie, comme matière brute ; je parlerai ensuite de la manière de l'employer le plus utilement dans les manufactures et dans les usages économiques. Quoique j'aie, sur le premier sujet, des données certaines, acquises par l'expérience, je laisserai parler M. Schnieber, dont les observations et le témoignage sont d'un grand poids.

« Un arpent de terre, dit cet administrateur, ayant une superficie de 18,000 pieds carrés, pourra contenir 4,500 plantes d'asclépiade, puisque chaque plante exige quatre pieds carrés. Or, comme l'une dans l'autre, chacune de ces plantes produit au moins vingt gousses, on est fondé à attendre des 4,500 plantes, 90,000 gousses. Trente gousses d'une grosseur moyenne donnent une demi-once de soie ; ainsi, 90,000 gousses en donneront 1,500 onces ou 93 livres 12 onces. En comptant la livre de la soie d'asclépiade à six francs, ce qui n'est pas encore le terme moyen entre les prix

» de la soie et du coton, on obtient, par ce
» résultat, la somme de 562 francs 50 cen-
» times (2). Mais ne comptons, pour préve-
» nir toute objection, que dix gousses par
» plante, ce qui est contre ma propre expé-
» rience et supposerait des accidens inatten-
» dus, ne fixons le prix de la livre de la
» matière soyeuse qu'à la moitié, c'est-à-dire
» à trois francs, il en résultera toujours une
» somme de 281 francs 25 centimes, suffisante
» sans doute pour satisfaire amplement tout
» cultivateur. Nous n'avons pas fait entrer,
» dans ce calcul, les produits de la tige de
» l'asclépiade, lesquels donnent, non seule-
» ment de quoi dédommager de tous les faux
» frais, mais encore au-delà des produits or-
» dinaires d'un terrain semé en lin ou en
» chanvre. En effet, l'asclépiade de Syrie s'é-
» levant à une hauteur de sept à huit pieds,
» sur une épaisseur de plus d'un doigt, pousse
» avec tant de vigueur que l'on peut attendre
» en toute sûreté, d'un arpent de terre, 28
» à 30,000 tiges. Je ne parle ni des graines
» dont on tire une huile excellente, ni des

(2) J'ai converti la monnaie de Silésie en argent de
France, et les mesures de ce pays en mesures fran-
çaises.

» rejetons dont le débit peut produire encore
» une somme assez forte. Tels sont les avan-
» tages de cette plante, considérée seulement
» comme matière brute » (1).

Je ne suis assurément pas le premier qui ait
recommandé l'asclépiade de Syrie à l'attention
publique. Je n'ai eu d'autre mérite que d'avoir
recueilli ce qui en a été dit avant moi, et en
ajoutant à mon exploitation la culture de cette
plante, de m'être mis en état de vérifier et
de confirmer les témoignages d'autrui. De
temps immémorial, les aigrettes de l'asclépiade servent, en Syrie et en Egypte, à ouater
les habits et à garnir les coussins et les lits.
C'est l'usage le plus simple que l'on puisse faire
de cette matière. Voici la meilleure méthode
de l'employer. On commence par débarrasser
les aigrettes soyeuses des semences auxquelles
on sait qu'elles sont attachées. Ce travail est
très-facile, principalement lorsque les gousses
viennent d'être cueillies, et qu'elles ne sont
pas encore trop sèches. Des enfans suffisent
pour cette petite opération, et chacun d'eux
peut aisément éplucher 400 gousses en une
journée d'automne. On fait ensuite sécher la

(1) Ouvrage cité.

soie dans des sacs de toile fine, au soleil ou près d'un poile, dont la chaleur la fait friser et lui donne une élasticité parfaite. On la remue encore une fois avec les mains, et on la bat avec des baguettes très-minces, afin de faire tomber les nœuds qui unissent quelquefois les aigrettes près des graines. C'est à ces précautions que se réduit la préparation de la soie de l'asclépiade, pour lui donner une mollesse et une élasticité comparables à celles de l'édredon. Les coussins et les matelas formés de cette soie, sont très-légers et très-commodes en voyage ; un lit complet de cette nature peut se placer dans une malle de cinq à six pieds cubes, et ne pèse que huit ou neuf livres. Il peut arriver à la longue, et par l'effet prolongé de la transpiration, que la soie de l'asclépiade, de même que toutes les autres matières dont on fait les matelas, se comprime et perde un peu de son élasticité. Le remède à cet inconvénient, est le même que pour l'édredon ; rien n'est plus simple : exposez la soie au soleil, ou mettez-la dans une pièce échauffée, et bientôt elle reprendra, en se gonflant, sa première élasticité.

Aucune matière n'est plus douce et plus moelleuse pour les sophas et les canapés ; elle n'est pas moins utile pour ouater les vêtemens et les robes des dames ; elle est plus légère et plus chaude, et en même temps moins coûteuse que l'ouate ordinaire.

Dans le *Muséum rusticum et commerciale* (1), on lit une lettre d'un colon de la Jamaïque, datée du 6 octobre 1763, dans laquelle il recommande la culture de l'asclépiade, et donne des détails sur la manière d'en faire toutes sortes de couvertures, de coussins, etc., particulièrement à l'usage des personnes attaquées de la goutte. Justi assure que l'asclépiade fournit une matière très-propre aux ouates de soie (2).

En France, et dans d'autres pays, on a essayé de faire des chapeaux avec ce duvet soyeux. Des fabricans français, qui lui donnaient le nom de *poil d'apocin*, l'ont mêlé, pour des chapeaux dits *castors*, avec une certaine quantité de poil de castor et une plus grande de poil de lièvre. Pour les *demi-castors*, ils ont employé à peu près une égale quantité de duvet et de poil de lièvre ; ils ont

____

(1) Lipsiæ, 1764, tome I.

(2) *Abhandlung von den manufacturen und fabricken*, c'est-à-dire, Traité des manufactures et fabriques. Copenhague, 1758.

avez bien réussi. M. de Fontanes, inspecteur des manufactures, dont le zèle égalait les talens, encourageait ce nouveau genre d'industrie. Pfeiffer, dans son ouvrage intitulé : *Des Manufactures et fabriques de l'Allemagne* (1), recommande l'usage de l'asclépiade de Syrie pour la fabrication des chapeaux. M. Buckmann, dans sa *Technologie*, recommande également l'usage de cette matière, principalement en France, pour en faire des chapeaux très-fins et lustrés. Enfin, un fabricant de Schweidnitz, nommé Peuker, a informé M. Schmieber qu'il venait de faire, avec un tiers de soie d'asclépiade et deux livres de poil de lièvre, un chapeau d'une très-bonne qualité sous tous les rapports, et ressemblant parfaitement au plus beau *castor*.

Vers le milieu du siècle dernier, La Rouvière, bonnetier du roi, place du Louvre, était parvenu à filer la soie de l'asclépiade de Syrie, et à fabriquer, avec cette substance et d'autres matières, telles que la laine, le coton et toutes sortes de poils fins, des bas, des bonnets, des draps, de la serge de Rome, de l'étamine, du taffetas des Indes, des velours,

(1) *Die manufacturen und fabricken Deutschlands*, tome I, page 419.

(114)

des molletons, des flanelles et d'autres étoffes supérieures à celles d'Angleterre, et de la plus belle apparence. Les personnes attaquées de rhumatisme donnaient la préférence à la flanelle d'asclépiade sur la flanelle anglaise. Ce fabricant obtint, le 4 octobre 1757, un arrêt du conseil, qui lui conféra le privilège de la fabrication de ces diverses étoffes. J'ai retrouvé cette pièce authentique aux archives impériales, et il m'a été permis d'en prendre la copie suivante :

A Versailles, le 4 Octobre 1757.

Vu au conseil d'état du roi, la requête présentée en icelui par le sieur Jacques La Roüvière, bonnetier ordinaire du roi, tendante à ce que, pour les causes y contenues, il plût à S. M. lui permettre de fabriquer et faire fabriquer, sur autant de métiers qu'il voudra établir, vendre et débiter dans la ville et faubourgs de Paris, dans l'étendue du royaume et partout ailleurs, toutes sortes d'étoffes tant unies que brochées et autres ouvrages de bonneterie, composés d'une matière dont il a fait la découverte, appelée *houette* ou *chardon* pure, ou mélangée d'autres matières que son industrie lui suggérera, et en telles formes, longueurs, largeurs et finesse qu'il jugera à propos; faire défense aux gardes-jurés des marchands fabricans d'étoffes de soie et à tous autres marchands et fabricans de bonneterie de ladite ville et faubourgs de Paris, de le troubler, sous tel prétexte que ce soit, dans la fabrication, vente et débit desdites étoffes et ouvrages, sous telles peines qu'il appartiendra; permettre audit La Rouvière d'apposer aux chefs de chacune des pièces desdites étoffes un plomb doré, portant d'un côté les armes de S. M., et de l'autre le nom dudit La Rouvière et celui desdites étoffes et ouvrages; faire pareillement défenses à tous les ouvriers que ledit La Rouvière aura formés à la fabrication desdites étoffes, de quitter sa fabrique, et à tous marchands et fabricans de les employer sans un congé par écrit dudit La Rouvière, sous les peines portées par l'arrêt de réglement du conseil du 2 janvier 1749. Vu aussi les mémoires desdits gardes-jurés de ladite communauté des fabricans de soie de Paris, par lesquels ils se seroient opposés à la demande dudit La Rouvière; et S. M. voulant lui témoigner sa satisfaction de la nouvelle découverte qu'il a faite de ladite matière, appelée *houette* ou *chardon*, et encourager son industrie; ouï le rapport du sieur de Boullongne, conseiller ordinaire au conseil royal, contrôleur général des finances,

Le roi en son conseil, ayant aucunement égard à ladite requête, et sans s'arrêter à l'opposition desdits marchands, fabricans d'étoffes de soie de Paris, a permis et permet audit La Rouvière de fabriquer et faire fabriquer sur autant de métiers qu'il voudra établir dans la ville et faubourg de Paris, toutes sortes d'étoffes unies et brochées, et toutes sortes d'ouvrages de bonneterie composés de ladite matière appelée *houetta* ou *chardon*, soit pure ou mélangée, en telle longueur, largeur, forme et finesse que bon lui semblera; les vendre et débiter dans ladite ville de Paris, et partout

ailleurs qu'il jugera à propos ; fait défense aux gardes
jurés de ladite communauté des fabricans d'étoffes de
soie et à tous autres marchands et fabricans de bonneterie, de le troubler, sous tel prétexte que ce soit, dans
la fabrication, vente et débit desdites étoffes et ouvrages, sous telles peines qu'il appartiendra ; lui permet de mettre son nom sur un plomb ordinaire, appliqué aux chefs de chacune desdites pièces d'étoffes et
ouvrages. Fait défense à ceux qui voudraient en
fabriquer de semblables , de se servir ou contrefaire le
même plomb, à peine de confiscation de leurs étoffes et
ouvrages. Fait pareillement, S. M., défense à tous les
ouvriers dudit La Rouvière, par lui formés et employés
à la fabrication desdites étoffes et ouvrages , de quitter
sa fabrique pas à tous marchands et fabricans de les
employer sans un congé par écrit dudit La Rouvière,
sous les peines portées par l'arrêt de règlement du conseil , du 2 janvier 1749 ; et en cas de contestation sur
l'exécution du présent arrêt, S. M. les a renvoyés, et
renvoie pardevant le sieur lieutenant général de la
police de ladite ville de Paris, auquel S. M. en attribue toute cour, jurisdiction et connaissance pour les
juger en première instance , et sauf l'appel au conseil.
Ordonne que le présent arrêt sur lequel toutes lettres
nécessaires seront expédiées, sera lu , publié et affiché
partout où besoin sera.

Signé Boullaigne, Delamoignon.

L'académie royale des sciences nomma des
commissaires pour examiner les travaux de
La Rouvière ; son choix se porta sur MM. Nol-

let et Fougeroux de Bondaroy, et leur rapport, inséré dans les registres de l'académie des sciences, en avril 1760, contient en substance ce qui suit.

L'apocin ou l'ouate employée par le sieur La Rouvière, est l'aigrette fine qui surmonte la graine de la plante *asclepias Syriaca*. Il est impossible, ou au moins très-difficile de carder cette aigrette, sans lui avoir donné une préparation qui, en la cassant, la rend souple et moins facile à s'envoler de dessus la carde. La Rouvière a fait un secret des moyens qu'il emploie; cependant on sait, à n'en pas douter, qu'il expose ces aigrettes enveloppées dans un sac, aux vapeurs d'une décoction aqueuse et mucilagineuse. Il pèse du coton, mais il en choisit du beau lorsqu'il veut faire une belle étoffe ou de la soie; il prend seulement moitié du poids d'apocin; il carde ensemble ces deux substances végétales, ayant l'attention de carder d'abord le coton, et mettant ensuite moitié d'apocin sur son coton, il les joint ainsi l'un avec l'autre, en continuant à carder la soie ou le coton avec de l'apocin; c'est cette réunion de ces deux substances qu'il fait filer et dont il se sert pour former une partie des étoffes, sans entrer dans d'autres détails sur chacune de ces opérations, qui ne renferment rien de particulier. . . . .

« La Rouvière a fait différentes espèces d'étoffes de couleur, dont la trame est partie soie, partie apocin ; des étoffes partie soie, partie coton et partie apocin, dont les unes ressemblent aux étamines d'Angleterre, à l'espagnolette ; d'autres approchent du satin des Indes, et qu'on peut peindre joliment ; enfin, des croisés qui peuvent servir pour faire des camisoles et des jupons de femme. . . . .

« Depuis nombre d'années, La Rouvière a fait des essais sur l'apocin ; elle a obtenu, le 4 octobre 1757, un arrêt du conseil ; cependant nous pensons qu'il n'est pas le premier qui ait essayé de carder, filer et même feutrer l'apocin, si l'on peut appeler carder et filer l'apocin, le joindre avec des substances qui se cardent et se filent, et lier ainsi l'apocin avec elles ; et si on croit avoir feutré l'apocin parce qu'on le réunit, ainsi qu'on fait la soie, avec des matières qui se feutrent aisément, et qu'on les a incorporées les unes avec les autres. . . . . .

« La Rouvière a cherché la vraie dose de l'apocin, qui, jointe à la soie ou du coton, puisse servir à ménager ces deux dernières matières, plus coûteuses que l'apocin. Mettons le public est état d'évaluer cette épargne, en jugeant, d'après les expériences sur la nouvelle substance qu'on introduit dans les étoffes, si les étoffes qu'on aura fabriquées dureront aussi long-temps que celles faites uniquement avec de la soie, du coton.

» Dans une aune de velours à quatre poils, il entre neuf à dix onces de soie, dont une once deux gros, ou une once et demie sert à former la première chaîne ou la pièce ; pour la seconde chaîne, cinq onces deux gros, chaîne que l'on coupe ; enfin, pour la trame, trois onces, plus ou moins, suivant la finesse de la soie et la qualité ; le poil du velours emporte cinq aunes du poil ; pour faire une aune de velours, il y aura donc d'épargne, par aune de velours, en se servant des moyens de La Rouvière, une once et demie de soie à peu près.

» Dans les étoffes de coton, qui ressemblent au molleton, La Rouvière emploie, pour faire la chaîne, moitié filoselle, moitié apocin ; elle pèse une once six gros ; la trame est faite avec moitié coton, moitié apocin, et pèse quatre onces : ainsi il épargne au moins une once trois gros de filoselle et deux onces de coton par aune ; nous disons au moins, parce que l'apocin étant plus léger de près de moitié que le coton et la soie, on aura presqu'une fois plus d'apocin dans le même poids, et par conséquent l'apocin fera plus d'étoffe, et courra davantage que la soie et le coton.

» La soie qu'emploie La Rouvière pour faire la trame, est de la filoselle qui coûte neuf francs la livre, au lieu que la belle soie coûte cinquante à cinquante-quatre livres ; mais nous ne doutons pas qu'on emploie aussi dans toutes les fabriques de velours, une soie de moindre qualité pour en former la trame.

» Le coton, appelé *à longue soie*, coûte trente à trente-quatre francs la livre ; la main-d'œuvre étant plus difficile et exigeant quelques nouvelles préparations, quand on emploie l'apocin, les frais seront plus grands pour tout fabricant ; il faut y ajouter la perte d'une partie de l'apocin, qu'il faut jeter (1), à trois livres de premier achat, suivant l'offre qu'en faisait pour lors La Rouvière, parce que la culture de cette plante n'était pas pour lors commune ; la différence pour le prix, en se servant d'apocin, n'est donc pas grande (2),

(1) Cette partie, de rebut pour les fabriques d'étoffes, n'est pas perdue elle sert à garnir les coussins, à rembourrer les siéges, etc.

(2) La différence serait bien grande aujourd'hui.

ce qui est confirmé par le prix des nouvelles étoffes auquel La Rouvière les livre au public, peu différent de celui des étoffes de pure soie ou uniquement de coton. L'aune de velours de La Rouvière coûte vingt-deux livres, celui croisé vingt-quatre livres. Ces étoffes nouvelles sont belles ; le velours prend bien le noir, cependant pas aussi parfaitement que ceux de pure soie ; il se chiffonne et se brise moins facilement que ceux de soie ; toutes les étoffes d'apocin sont légères. On conçoit qu'il peut se trouver peu de différence dans la beauté, puisque la partie qui est en apocin dans le velours, se trouve enfermée dans l'étoffe, et n'est point apparente. Mais ces étoffes dureront-elles aussi long-temps que les étoffes de pure soie ou les étoffes de coton (1)? Il est constant que jamais on ne parviendra à filer l'apocin comme la soie, et aussi aisément. Le peu de longueur des fibres de l'apocin, leur roideur et le cassant de l'aigrette, ne semblent pas devoir engager à conclure avantageusement pour les étoffes faites d'apocin. Cependant La Rouvière, depuis plusieurs années, fabrique et vend de ces étoffes, et le rapport

(1) Depuis l'on a expérimenté que ces étoffes sont de longue durée.

que nous en ont fait des personnes qui en ont porté, leur a été très-favorable. Quoiqu'il entre peu d'apocin dans ces étoffes, cependant nous n'osons pas prononcer sur leur durée, quoiqu'il fût essentiel d'en être instruit pour juger du mérite de cette invention. On conçoit qu'il faudrait faire, auparavant de prononcer, une comparaison exacte de ces nouvelles étoffes avec les anciennes fabriquées avec le même soin que celle-ci, et de pure soie; nous n'en avons point, et nous ne pouvons faire cette comparaison. Nous croyons que les tentatives de La Rouvière méritent des éloges, si le public, par un mérite soutenu, adopte ses nouvelles étoffes. »

Quoique le rapport des deux académiciens soit rédigé en termes mesurés, et avec la circonspection qui convient à des hommes sages, il est aisé d'y voir qu'ils accordaient leurs suffrages aux nouvelles étoffes fabriquées par La Rouvière, et que s'ils ne leur donnaient pas une approbation entière, c'est qu'ils n'avaient pas éprouvé la durée de ces mêmes étoffes. Mais on a reconnu que les tissus dans lesquels La Rouvière faisait entrer l'asclépiade, duraient plus que les étoffes de soie ordinaires Je ne puis trop concevoir par quels motifs un genre d'industrie, aussi intéressant a été abandonné en France, tandis qu'il s'est soutenu et même amélioré dans d'autres pays.

Dans la Haute-Saxe, on fait usage de la soie de l'asclépiade de Syrie, mélangée avec le coton, pour les étoffes d'habit (1). Gleditsch et d'autres écrivains allemands conseillent aux fabricans l'usage de cette substance dans les manufactures (2); et M. Schnieber, cet ami éclairé des arts, qui s'est occupé plus que personne à tirer un parti avantageux d'une production naturalisée en Silésie, a fait lui-même à plusieurs reprises, des essais pour apprêter cette matière par la filature. Avant que de les rapporter, je dois faire observer que la tisseranderie est portée à un haut point de perfection en Silésie; que, dans ses expériences, M. Schnieber n'était guidé par aucune vue d'intérêt particulier, et que le bien de sa patrie était le but unique qu'il se proposait.

« Je commençai d'abord mes expériences, dit-il, par faire filer ensemble un tiers de soie

(1) *Pflanzen-verzeichniss*, c'est-à-dire, *Catalogue des plantes*, à l'article de l'*Asclepias syriaca*, *apocynum majus syriacum rectum*.

(2) *Geschichte verschiedener hierlandischer baumwollen arten, und ihres œconomischen nutzens, von C. H. Salzburg*, 1788, p. 30.

d'asclépiade et deux tiers de coton. J'obtins de ce mélange un fil assez uni et fin', avec lequel je fis faire des bas que j'ai portés bien long-temps.

» Mon second essai fut de mêler de l'asclépiade avec de la soie en parties égales. De ce mélange je fis faire une petite pièce de *point-de-chenilles*, ou *point de velours*; et quoique le fil ne fût pas très-uni, le *point* était cependant aussi beau que le point de soie, et le surpassait même par la douceur et la solidité du poil. La soie d'asclépiade est naturellement courte et tendre; cette soie se frise toujours de manière à couvrir entièrement le fil qui fait le tour du *point*, avantage qu'on n'obtient pas de la soie ordinaire, dont les fils sont plus fermes et plus serrés. Le premier échantillon de *point-de-chenilles*, n'ayant pas été teint, a conservé sa couleur naturelle, qui tire sur le jaune pâle, et offre à l'œil une nuance fort agréable.

» Mon troisième essai se fit par le mélange de deux tiers de poil de lièvre et un tiers de soie d'asclépiade. On en fabriqua un chapeau qui fut trouvé très-léger et ressemblant entièremenà un demi-castor: s'il n'était pas tout à fait aussi uni et aussi solide qu'un chapeau

ordinaire de cette espèce , la faute en était à
l'ouvrier , qui n'avait pas l'habitude de travail-
ler cette matière. Je trouvai aussi des diffi-
cultés à faire prendre à ce chapeau une belle
couleur noire; mes efforts à cet égard n'eurent
pas le succès que j'en attendais ; mais cet obs-
tacle ne me rebuta pas. Je ne pouvais exiger
de l'ouvrier dont je me servais , des connaissances assez étendues dans la chimie pour parvenir à notre but. Je sais d'ailleurs qu'il existe
en France des fabriques de chapeaux où l'on
teint cette matière supérieurement. Les chapeaux de cardinaux, fameux par leur belle couleur rouge, se font, sinon en entier, du moins
en partie, de soie d'asclépiade. Il est donc certain que lorsqu'on saura apprêter cette soie ,
comme le poil de castor , il en résultera un
avantage inappréciable.

» Après cet essai, je repris celui des *points-
de-chenilles*, et afin de me rendre compte de
tout , je suivis scrupuleusement les procédés,
en faisant faire tous les apprêts sous mes yeux,
et en mettant souvent moi - même la main à
l'ouvrage ; le fil produit par ce mélange, quoiqu'assez doux et solide, ne fut pas encore parfaitement uni. J'en attribue la cause à la
maladresse des ouvrières fileuses ; mais dans

l'emploi de ce fil, cette inégalité ne fait aucun tort, parce que le tout frise et se redresse comme de soi-même. Des passementiers habiles m'ont assuré que la soie de l'asclépiade de Syrie était très-propre à tous les ouvrages de laine et de velours.

» J'ajoutai à ces essais celui de faire teindre la matière filée; mais malheureusement j'eus encore l'occasion d'observer combien il est difficile d'arracher l'ouvrier ordinaire à sa vieille routine, et de lui faire comprendre qu'une production du règne végétal doit être traitée tout autrement qu'une production du règne animal, et qu'elle exige souvent des apprêts extraordinaires. Les expériences des pays étrangers aboutissent toutes à faire reconnaître, dans la soie de l'asclépiade, la propriété de se teindre facilement, et de prendre, par la teinture, un très-beau lustre. Malgré cela, le teinturier dont je me servais pour mes essais, quoique connu pour le plus habile de la ville, ne put venir à bout de donner, à la matière filée, une belle couleur noire ; cette couleur n'était jamais assez foncée, et n'avait qu'un faux lustre, que j'ai cependant fait disparaître dans la suite, par un bain de savon et d'anis. Je ne désespère nullement de trouver, sous peu de temps, les moyens de remédier à cet inconvénient, et de donner une belle couleur noire aux ouvrages faits avec l'asclépiade.

» Je me servis ensuite de cette matière pour fabriquer diverses étoffes. Au premier essai, je pris du fil ordinaire, bien fin, que je fis disposer sur le métier, après quoi je le fis traverser par des fils, moitié soie d'asclépiade et moitié soie ordinaire. Ce mélange fut tissu comme de la toile, et j'obtins une espèce d'étoffe qui, par sa densité, sa douceur et sa solidité, a beaucoup de ressemblance avec quelques étoffes anglaises. J'en fis teindre une partie en noir, et l'autre en couleur de paille. La première eut le même défaut que la matière de mon essai précédent ; on ne pouvait d'ailleurs attendre de ce mélange de soie avec du fil ordinaire, une couleur noire bien foncée, tel que le beau noir des étoffes de soie. L'autre, au contraire, prit une belle couleur de paille ; et toutes les deux acquirent, par l'apprêt, sur le cylindre, une densité extraordinaire et un lustre magnifique. De la petite pièce, teinte en noir, j'ai fait faire une culotte, laquelle a duré au-delà de mon attente, quoique je l'aie toujours portée pour monter à cheval ; et de l'autre pièce, teinte en paille, je fis faire un gilet que j'ai mis presque tous les jours, pendant huit mois; je l'ai fait laver plusieurs fois, sans qu'il paraisse s'user; l'étoffe a même gagné à être portée, en ce que les petits nœuds qui paraissaient sur ses deux faces, se sont détruits par le frottement, et l'étoffe a pris plus d'égalité et d'uniformité.

» A la seconde étoffe que je fis fabriquer, je pris, pour la chaîne, de la soie ordinaire, et pour la trame, un mélange de soie d'asclépiade et de soie commune. Il faut remarquer que la première étant plus légère que l'autre, il revient au même de prendre de chaque une portion égale, ou deux tiers de soie d'asclépiade, et seulement un tiers de soie ordinaire. Cette étoffe, tissue de la même manière que la toile, réussit parfaitement. Elle approche encore plus que la précédente de l'étoffe anglaise, et elle est plus douce que l'étoffe de soie; enfin, elle prit une belle couleur entre les mains d'un teinturier en laine. On en a fait une robe de femme, qui conserve très-bien sa couleur et sa solidité. Jusque-là j'avais douté si les fils mipartis de soie et de duvet d'asclépiade, ou plutôt composés, d'après le poids spécifique, de deux tiers de soie d'asclépiade, et d'un tiers de soie ordinaire, pouvaient être propres à former la chaîne d'un tissu. Le premier essai de ce genre ne m'a point réussi, tant par l'impatience que par la maladresse de l'ouvrier ; je pris un simple tisserand qui me fit une étoffe excellente (1). »

J'ai donc eu toute raison d'avancer que si le duvet soyeux de l'asclépiade de Syrie n'était pas précisément un supplément exact de la soie et du coton, ce duvet pouvait les remplacer dans quelques circonstances, et dans beaucoup d'autres, diminuer la consommation de ces deux substances, les entretenir à un prix modéré, diminuer celui de plusieurs sortes d'étoffes, et devenir un objet d'utilité générale en servant également à la prospérité des manufactures, à l'intérêt public et à l'économie du consommateur. Il en est de même dans la chapellerie ; le duvet de l'asclépiade employé à la fabrication des chapeaux, supplée au poil de castor, que l'on ne trouve plus guère dans le commerce, et au poil de lièvre et de lapin, devenu rare depuis plusieurs années, et dont la quantité fournie par notre territoire est fort au-dessous de la consommation que les fabriques font de cette matière.

(1) Exposé des avantages que promettent à l'État ainsi qu'aux particuliers, la culture et l'emploi de la plante à soie de Syrie ; en allemand. Par M. Schnieber, directeur du Conseil municipal de Leignitz en Silésie.

Il n'est pas inutile d'observer que l'on a fait avec l'ouate de l'asclépiade, un papier de soie aussi beau et aussi luisant que le papier de la Chine.

Les étoffes dans lesquelles entrait la soie de l'asclépiade de Syrie, ont constamment été en faveur jusqu'à la mort de La Rouvière, et j'ignore les raisons qui ont fait à peu près abandonner en France un genre d'industrie aussi important. Je dis à peu près, car il existe encore, à Paris, un fabricant qui, probablement héritier des procédés employés par La Rouvière, fabrique des toiles avec cette même substance (1). De nouvelles circonstances doivent provoquer de nouveaux efforts; et puisque le coton a cessé d'être aussi commun qu'il l'était au temps où La Rouvière fit des essais suivis d'une entière réussite, l'intérêt public exige qu'ils soient répétés, et que les fabricans, instruits par les différentes expériences qui ont été faites en France et en Silésie, perfectionnent ces nouveaux produits de leurs ateliers. Le cultivateur s'empressera en même temps à couvrir ses plus mauvaises terres d'une plante dont les bénéfices seront supérieurs à ceux de toutes les autres cultures qu'il pourrait y établir.

En effet, ce n'est point au duvet soyeux de

____
(1) M. Ferrand, rue des Lyonnais.

sés gousses que se bornent les produits de l'asclépiade de Syrie ; il en est un autre plus important encore, c'est la filasse, de couleur grise
et à peu près semblable à celle du lin, que l'on
retire des tiges de la plante, après la récolte
des gousses. Pour se la procurer, il faut, après
avoir coupé et appareillé les tiges, les faire rouir,
broyer et préparer comme cela se pratique pour
le chanvre. Cette filasse préparée est d'une
finesse et d'une blancheur qui la rendent propre à être employée seule à la fabrique de
toiles de toutes sortes de qualité, et à faire de
très-bonnes cordes. L'ancienne société d'agriculture du Mans examina trois espèces de filasse
de l'asclépiade, qu'on lui présenta. Cette compagnie savante reconnut que la première filasse
était très-fine ; la seconde l'était moins, et l'on
en a fabriqué de la toile ; la troisième, le dé-
chet des autres, fut employée en gros cor-
dages, qui avaient plus de nerf et de force que
ceux que l'on fait avec le chanvre ordinaire.
M. Gelot, de l'ancienne académie de Dijon,
a pareillement tiré de l'asclépiade une filasse
très-longue, très-fine et d'un blanc luisant ; il
l'a communiquée à l'académie, qui a jugé que
cette matière méritait d'être employée. Ainsi,
l'asclépiade de Syrie, réunit en elle seule les
avantages de plusieurs autres plantes. Il en est

un autre qui sera d'un grand prix aux yeux des cultivateurs, c'est que l'asclépiade n'a pas besoin d'être semée tous les ans, comme le chanvre et le lin; qu'une fois plantée, elle n'exige ni secours ni engrais, et se perpétue d'elle-même; qu'enfin, elle se plaît sur des sols où le chanvre et le lin refuseraient de croître.

Ce qui reste de la tige, après qu'on l'a broyée et que l'on en a retiré la filasse, peut encore fournir une espèce de bourre, laquelle, mêlée en proportion convenable avec le duvet soyeux des gousses, est très-propre à faire des tissus. Dans les Etats - Unis, ces mêmes tiges servent à fabriquer du papier, du coton et d'autres objets de ce genre.

La culture de l'asclépiade de Syrie peut donc devenir une branche importante de commerce et d'industrie. La Rouvière achetait la soie de cette plante un écu la livre. M. de Popincourt avait une grande plantation d'asclépiade dans sa terre de Bertin-Corteuil, près de Clermont en Beauvoisis, et il en tirait un excellent parti. En 1801, au moment où la société d'agriculture de Strasbourg s'occupait d'aviser aux moyens d'introduire la culture de l'asclépiade de Syrie, « plante qui réussit dans » les terrains sablonneux les plus ingrats, » même dans ceux qui ne sont pas propres à

» la culture de la garance, elle a été instruite
» qu'un habitant du département du Bas-Rhin
» a déjà fait ensemencer plusieurs arpens de
» cette plante utile, qui peut servir surtout
» à la fabrication des chapeaux » (1). Trois
ans après, une autre plantation d'asclépiade
a été formée à Saint-Pourcin, département de
l'Allier, par M. Andriveau (2). Le *Compte
rendu des travaux de la société d'agriculture, histoire naturelle et arts utiles de Lyon,
pendant* 1808, contient une notice sur le
soyer (asclépiade) de Syrie. L'auteur, M. de
la Chavagne, rappelle les avantages que l'on
peut retirer d'une matière soyeuse, d'une
blancheur très-brillante, contenue dans le
fruit de cette plante. « La tige, ajoute-t-il, peut
» se rouir comme le chanvre, et procurer
» une filature très-douce, très–blanche et sus-
» ceptible d'être employée dans la fabrication
» des étoffes de toutes qualités ». Le petit essai que je publiai l'an dernier (3) a contribué
à augmenter le nombre de ces plantations,

(1) Premiers travaux de la Société libre d'Agriculture et d'Economie intérieure du département du Bas-
Rhin, séante à Strasbourg. Brochure *in*-8°.

(2) *Feuille du Cultivateur*, rédigée par M. Calvel,
t. III, p. 307.

(3) *Bibliothéque Physico-Economique*, 1808, t. I,
p. 145.

et c'est une récompense d'autant plus flatteuse qu'elle n'est pas toujours la suite des écrits en agriculture (1). Les avantages de cette culture, que j'ai développés de mon mieux dans cet ouvrage, seront, j'ose l'espérer, de nouveaux encouragemens pour s'y livrer et pour la propager. Tous les agronomes, du moins ceux qui ne sacrifient point l'amour de leur pays à un ridicule amour-propre, et qui veulent bien croire que le bien peut venir de tout autre qu'eux, ont recommandé la culture de l'asclépiade de Syrie. Dans l'impossibilité de les citer tous, je me contenterai de rapporter l'opinion de M. Thouin, qui a joui de l'estime, de la confiance et de l'amitié du grand Buffon, et que l'on considère généralement comme l'oracle de l'agriculture : ON NE SAURAIT TROP RECOMMANDER LA CULTURE DE CETTE PLANTE (l'asclépiade de Syrie) DANS LES CAMPAGNES (2).

(1) « M. Bernard, herboriste à Fontainebleau, annonce, par la voie des journaux, qu'il cultive avec succès l'*Asclepias syriaca* (Asclépiade de Syrie), ou la *soyeuse*, plante sur laquelle M. Sonnini a publié un Mémoire fort bien fait. Il espère dans deux ans, en récolter une assez grande quantité de coton pour soumettre à la filature les produits de cette plante ». *Journal de Paris* du 6 mars 1808.

(2) Encyclop. méthod. (Diction. d'Agriculture, article de l'*Asclépiade*) n.° 5.

TABLE
DE L'OUVRAGE.

FIN DE LA TABLE.

Pl. 2.

1
e
a
7
4.
e f e
c
a a
8

1
2
3
5
6
7
4
9
8
13
11
12
10
B.R.

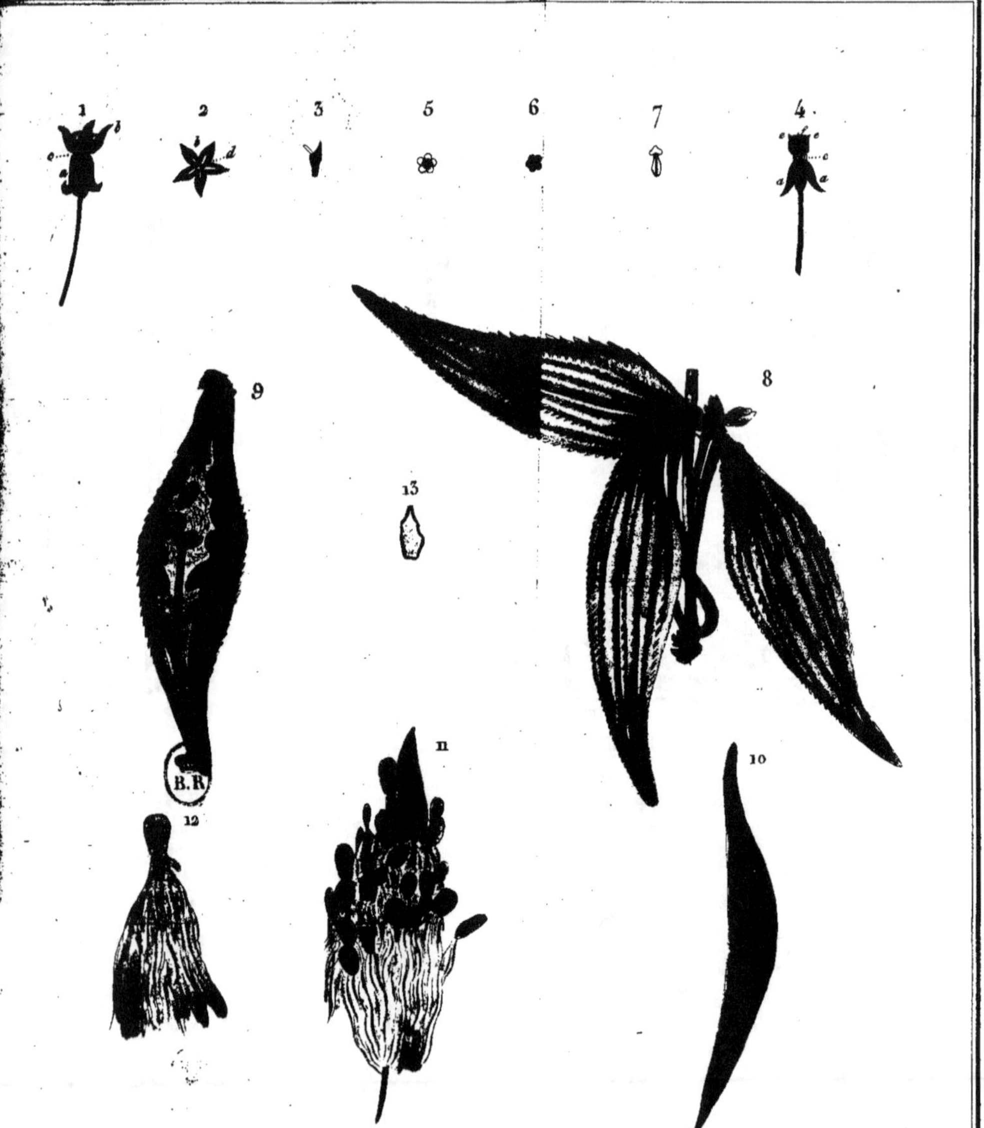